国家职业教育智慧教育平台课程配套教材　智慧景区开发与管理专业国家教学资源库项目配套教材

校企“双元”合作开发新形态活页式教材

华夏面食传承与创新

校企双元合作开发

主　编 ◎ 韩一武

副主编 ◎ 任翠瑜

主　审 ◎ 马兆兴　谢玉辉

总顾问 ◎ 王昆欣　郎富平

中国旅游出版社

项目策划：段向民
责任编辑：武　洋
责任印制：钱　宬
封面设计：武爱听

图书在版编目（CIP）数据

华夏面食传承与创新 / 韩一武主编；任翠瑜副主编．
北京：中国旅游出版社，2024. 9. --（国家职业教育智慧教育平台课程配套教材）（智慧景区开发与管理专业国家教学资源库项目配套教材）（校企“双元”合作开发新形态活页式教材）. -- ISBN 978-7-5032-7348-3

Ⅰ. TS972.132

中国国家版本馆 CIP 数据核字第 2024TN1714 号

书　　名：华夏面食传承与创新

主　　编：韩一武
副 主 编：任翠瑜
主　　审：马兆兴　谢玉辉
总 顾 问：王昆欣　郎富平
出版发行：中国旅游出版社
（北京静安东里 6 号　邮编：100028）
https://www.cttp.net.cn　E-mail:cttp@mct.gov.cn
营销中心电话：010-57377103，010-57377106
读者服务部电话：010-57377107
排　　版：小武工作室
经　　销：全国各地新华书店
印　　刷：北京墨阁印刷有限公司
版　　次：2024 年 9 月第 1 版　2024 年 9 月第 1 次印刷
开　　本：787 毫米 × 1092 毫米　1/16
印　　张：12.25
字　　数：240 千字
定　　价：49.80 元
ISBN　978-7-5032-7348-3

PREFACE 前言

千百年来，华夏大地孕育着独具魅力的美食文化，而在这片土地上，山西面食如一颗璀璨的明珠，以其丰富的面食传承而著称。《华夏面食传承与创新》旨在引领读者深入了解以山西为代表的华夏地区面食文化的千年传承之路，以及在创新中焕发出的独特风采，揭开华夏面食的神秘面纱，让读者感受千年传统的沉淀，品味传承之美。华夏面食绝非只是历史的陈迹，更是一种在创新中不断焕发的生命力。本书聚焦以山西为代表的华夏地域特色的面点创新，从传统的经典中汲取灵感，赋予面点新的时代内涵，探寻面食的文化精髓，帮助读者深刻地理解这片土地上独有的饮食文化传承之美。

为落实《国家职业教育改革实施方案》《职业教育产教融合赋能提升行动实施方案（2023—2025）》等文件精神，配合智慧景区开发与管理专业国家级教学资源库的课程体系，通过搜集民间的山西非遗面食典故，抢救和保护一批珍贵的、濒危的和具有重要价值的非遗面食项目，同时通过推广华夏面食烹饪技艺，向世界传播中国面食文化，促进旅游景区的转型升级，实现旅游业全域共建、全域共融、全域共享的发展模式。同时，促进面食文化在传承中发展，在创新中保护。

在编写本书的过程中，笔者还积极探访面食非遗传承人，搜集整理山西非遗面食项目，力求将这些珍贵的、濒危的、有着深厚文化底蕴的面点传统技艺，传授给学生。理论知识与实际操作相结合，可使学生在学习过程中更好地理解、掌握和应用所学知识。

本书创作团队来自太原旅游职业学院酒店管理系，主编为韩一武，副主编为任翠瑜，编者为郭悦、李亚男、赵慧莲、祖未希、白凌、周亚峰、李辉、王影、张晓英、胡义坤。

最后，笔者衷心希望本书能够成为学生学习的得力工具，成为传承与创新的桥梁，让华夏面食的美好传统在新的时代焕发出更为夺目的光彩。通过我们的共同努力，在华夏面食的世界里，用创新的手法传承千年的美味传统。

本书在编写过程中参阅了很多期刊、文献、非遗统计数据，在此谨向所有作者、面食烹饪大师致谢。同时感谢国家级智慧景区教学资源库王昆欣、郎富平两位教授的精心指导。因成稿时间及编者水平有限，不妥之处，恳请读者批评指正。

教材编写组

2024年3月

CONTENTS 目录

项目一　面食的“前世今生”

任务一　面食的文化背景…… 01

任务二　面食区域特色…… 05

任务三　面食养生观…… 12

项目二　民俗中的面食

任务一　传统节日中的面食…… 15

任务二　民俗中的面食——人生礼仪…… 18

任务三　民歌表演中的面食…… 21

项目三　山西面食流派与制作

任务一　晋北特色面食…… 23

任务二　晋中特色面食…… 40

任务三　晋南特色面食…… 62

任务四　晋东南特色面食…… 77

项目四 舌尖上的山西非遗面点制作技艺

任务一 烤制类非遗面点…………………………………… 91
任务二 炸煮类非遗传统小吃…………………………………… 107

项目五 指尖上的山西非遗面塑制作技艺

任务一 晋北非遗面塑…………………………………… 116
任务二 晋中非遗面塑…………………………………… 123
任务三 晋南非遗面塑…………………………………… 132
任务四 晋东南非遗面塑…………………………………… 137

项目六 华夏面食的地域名片

任务一 华东地区…………………………………… 142
任务二 东北和华北地区…………………………………… 146
任务三 华中地区…………………………………… 150
任务四 西北和西南地区…………………………………… 156

项目七 “面面相觑”——意大利面VS山西面食

任务一 意大利面 VS 山西面食 …………………………………… 164
任务二 面食制作技艺擂台…………………………………… 170

项目八 山西面食“面面观”

任务一 “面”向生活 …………………………………… 176
任务二 “面”向世界 …………………………………… 178
任务三 “面”向未来 …………………………………… 183

项目一　面食的“前世今生”

面食是指主要以面粉为原料制成的食物，世界各地均有不同种类的面食。华夏面食文化博大精深，在数千年的发展过程中形成了浓厚的地域特色，其中山西地区由于特殊的历史、自然、人文和经济因素，产生了各具特色的面食种类，形成了独特的面食文化和面食养生观。

任务一　面食的文化背景

山西省地处黄河流域，是中华文明发源地之一，也是世界上最早最大的农业起源中心之一。黄土贫瘠、山高地寒、战事频繁，独特的自然人文经济环境使山西人在适应自然、改造自然的过程中，以其艰苦创造和乐观生活的品质，孕育出了丰富多彩的面食文化。在经过了几千年的发展和演变以后，山西面食的整个加工流程都充分体现出了浓厚的地域气息，形成了风格独特的山西面食文化。

“世界面食在中国，中国面食在山西”。2007 年，国家烹饪协会经过多次实地考察后最终认定，山西省为我国的面食之乡，极大地肯定了山西面食在中国饮食文化历史上的地位。

知识点1 从远古走来

华夏面食文化有着十分悠久的历史，面食文化的发展大致经历了三个阶段：夏、商、春秋时期为萌芽阶段，汉代进入发展阶段，宋末元初面食进入了繁荣阶段。

1978 年，考古学家在山西沁水下川旧石器文化遗址中发现了 17000 年前用于粮食加工的 3 件石磨盘残片，石磨的出土意味着当时已经开始对谷物进行加工，开启了面食文化的先声。夏商时期，生产技术的发展促进农业进一步发展，小麦的种植面积不断增加，随着加工粮食水平的不断提升，使得面食一类的产品也在逐渐增加，是山西面食形成的基础。春秋战国时期的著作《耕柱》最早对饼有所记载，这时饼是以黍、粟、稷、稻为原料所制成的。

到了汉代，农业发展迅速，农作物种类增多，种植面积增大，面食也有了相应的发展。东汉中期，由著名文学家崔寔所编著的《四民月令》里对馒头做了记载。东汉末年，刘熙的《释名 · 释饮食》中已经将饼按照其不同的外在形象进行了命名，分别有蒸饼、汤饼、蝎饼、髓饼等类型，足以说明，这一时期面食种类已经十分丰富了。

魏晋南北朝时期，面食的种类在汉代的基础上进一步扩展，品种极大地丰富起来。《齐民要术 · 饼法》里记载了更多的饼类食品，并记录了这些不同种类饼的详细称谓和相应的加工制作方法，比方说烧饼、截饼等。另外，通过《齐民要术》中记载“水引”的制作方法表明，“水引”是面条的雏形。除了面条之外，这一时期蒸制面食也有了很大的发展，已经得到了广泛的普及。

隋唐宋时期，中国已经基本形成了“北麦南稻”的食源格局。这一时期，山西旧有面食品种被不断细化，新品种也不断涌现，已经出现了饺子、包子等小吃，流传至今的山西剪刀面便起源于这一时期。

到了宋代，煮制面食更为盛行，逐渐从“饼”中分化出来，“饼”不再是面食的统称，而是类似于我们今天所说的饼。宋末，华夏面食种类可以说是花样百出。这一时期，山西面食原料不断发展扩充，技艺水平迅速提升，不断做出更具吸引力的面食。

元朝，山西面食最为典型的代表就是河漏。所谓的河漏，实际上指的就是现在的山西面食之一“饸饹”，它是使用荞麦面粉，借助于河漏床，通过人工的挤压制作成的面食，口感十分特别。著名的山西刀削面也起源于元代，另外，烧卖、拨鱼儿等面食也逐渐流行起来，种类繁多，制法醇熟，流传至今。这一时期的山西面食已经在中国崭露头角。

明清时期，山西面食在全国产生广泛影响。尤其在清代，山西社会文化和经济发展都处于鼎盛时期，面食也因此被发扬光大。这个时期山西面食发展的特点有：制面原料丰富、品种繁多、制作技艺高超（削、揪、擀、抻、拨、剪、雕、压等技术精湛）、烹饪技艺多样（蒸、煮、烙、炸、烤样样精通）。这一时期，山西面馆跟随着晋商的脚步开到了全国各地，山西面食也变得更加精美，在全国范围内产生了深远影响。

知识点2　自然的馈赠

小麦是制作面食最基本的原料。小麦原产于西亚，在距今4000—4500年前传入中国境内。小麦传入中国后，在山西被广泛地种植食用。

山西处于中纬度温带地区，属于大陆性气候，四季分明、温差大、干旱少雨，境内山岭起伏，平原少，垂直气候多样，植被丰富，这样的地理环境使得山西地区适合种植如小麦、高粱等耐寒耐旱、易于生长的杂粮作物，为山西面食的发展提供了物质保障。

此外，山西所处的黄土高原，东有太行为屏，西有吕梁山，南以黄河为界，北抵恒山和长城，形成了天然封闭的环境，使之交通不便，与外界的交流发展受到制约，但使得山西面食能够不受其他文化的影响，保持延续性，发展并形成了自己独特的、极具传统性的面食文化特征。

知识点3　民以食为天

面食文化产生的过程可以说是人们主动而为之的一个过程。在山西地区土地贫瘠、地形复杂的自然条件下，依然能够产生出丰富而深厚的山西面食文化，是山西的劳动人民通过勤劳与智慧，主观能动地应对自然、利用自然、因地制宜地寻求生存与发展的结果。

山西面食文化体现了劳动人民兼容并包和开拓进取的精神。如果没有山西人对食材加工方式以及不同食材搭配方法的尝试与创新，山西面食种类不会如此丰富；如果没有山西人对自然及外来文化的包容，山西面食原料的取材也不会如此多样；如果没有山西人对新事物探索的勇气和智慧，山西面食的制作工艺也不会如此精湛。随着社会的发展，人们又将这一意识形态和价值观有意识地融入面食中并传承至今，可以说这才是山西面食文化的精华所在。

山西面食文化的形成还得益于山西人的节俭以及对面食的钟爱。面食不是哪一阶层的专属食物，比起精美的糕点或粗糙的甜食，面食全民皆宜，特别是由于山西面食粗中有细、荤素搭配、营养丰富，不管是富商巨贾、文人墨客，还是一般的老百姓都比较喜欢面食。根据民间记载，慈禧太后非常喜欢一道用黄米制作而成的油炸泡泡糕，在西逃的路上还对这道特色山西美食念念不忘。军阀阎锡山得意之时，日常主食里面也一定得有蒸馍以及面条，在逃跑到台湾以后还是喜欢吃馒头和面条。

因此，在山西无论是平日还是重大节日风俗活动，面食都是必不可少的，在山西几乎家家户户会做面，婆家更会以做面的技术和种类为标准来选择儿媳。山西人人吃面、日日吃面，群众广泛参与其中，文化群体基础牢固也是山西面食形成的重要因素。

知识点4 质朴的智慧

由于气候和地理等多种因素，造成了山西地区的物质匮乏与经济落后、生产力水平较低，因而农作物的品种也较为单一，吃“菜”成为一种奢侈。所谓“穷则通变”，人们日益增长的需求让种植的谷物种类进一步丰富，也发展出了更多种类面食的制作方法。

此外，明清时期“晋商”的经营活动也促进了山西饮食业的发展，山西商人不仅将本地饮食传出去，同时也将外地饮食带回来，极大地丰富和提升了山西的面食文化。

总而言之，山西面食在历史的变迁中，从萌芽、发展再到繁盛，凝结了劳动者的智慧，经历了时代的考验，得以流传至今，积淀形成了丰富而深厚的山西面食文化，是人类饮食史上的一大奇迹，值得后人深入研究并发扬创新。

课后习题

1.（　　）时期，中国基本形成了“北麦南稻”的食源格局。

A. 清代　　B. 明代　　C. 隋唐宋时期　　D. 战国时期

2. 剪刀面起源于下列哪个时期？（　　）

A. 春秋战国　　B. 汉代　　C. 魏晋时期　　D. 隋唐宋时期

3.（多选题）下列哪些是影响山西饮食文化的自然因素？（　　）

A. 地理位置　　B. 晋商活动　　C. 气候特点　　D. 全民参与性

4.（多选题）下列哪些属于影响山西面食文化 发展的人文因素？（　　）

A. 富商巨贾的偏爱　　B. 老百姓的热爱
C. 闭塞的地理环境　　D. 文人墨客的歌颂
5. 山西省在哪一年被国家烹饪协会认定为面食之乡？（　　）
A.2005 年　　B.2006 年　　C.2007 年　　D.2008 年

任务二　面食区域特色

到山西旅游不尝面食，就等于没到山西。山西面食种类丰富，且具有浓郁的地域特色。东到娘子关、西到黄河边、南到风陵渡、北到雁门关，山西的普通家庭妇女都能以面食为原料加工数种面食。其中晋北的油炸糕、形状各异的晋中面、晋南的花馍、晋东南的汤饭最具代表性。

知识点1　流落民间的晋北糕

一、地方风物

糕，在《现代汉语词典》译为:“用米粉、面粉等制成的食品，种类很多，如年糕、蜂糕、蛋糕等。”山西的糕却与此不尽相同。山西的糕，特指用黍面或使用黍子去皮后的黄米面做成的块状食品。晋北地区气候寒冷、无霜期短、土地瘠薄，适宜种植黍子，黍子碾成的米被称为黄米，其性黏，所制而成的面可做糕。

二、历史渊源

晋北油炸糕，又被称为太后泡泡糕，这可是一道地地道道的宫廷美食，而后在民间渐渐普及。当年这道油糕在宫里便深得慈禧的欢心，御厨一边用人参、党参、黄芪等泡水和面，另一边用玫瑰、青梅、樱桃、核桃仁、白糖等调馅，将包好的油糕热油入锅后，便会膨胀开花，故而被称为“泡泡油糕”。据民间记载，慈禧太后的御厨许德盛经常去一个专卖大碗面的小摊喝茶聊天，也时常会吃些大碗面，每次他都会边吃边摇头晃脑地反复唠叨“这茶叶不如宫里的好，这饭也不如宫里的香”，摆摊人以为他是个没人赡养的老人，便可怜他、常常照顾他，没想到这老人真的是宫里的御厨。后来许德盛年老体衰，不想让自己的厨艺失传，因多年在小摊吃面而受到照顾，觉得店家是个忠厚老实的人，便把炸泡泡糕的手艺传给了他，泡泡油糕就这样流落到了民间。

三、食风食俗

在晋北地区，糕在百姓生活中起着举足轻重的作用。由于“糕”与“高”谐音，在晋北人的心中，“糕”承载着对吉祥、富贵、美好生活的期冀。因此，娶媳妇、嫁闺女时吃“喜糕”，生小孩时吃“满月糕”，盖房时吃“上梁糕”，搬家时吃“暖房糕”，老人过寿时吃“长寿糕”，儿童庆生时吃“翻身糕”，家中办白事先吃“倒头糕”、再送“爬山糕”，过年要吃“接年糕”，正月十五吃的是企盼丰收的“谷穗糕”，如此随处可见糕在民俗中的身影。大同地区甚至流传着这样一首民谣，可以大体反映糕在人们生活中的重要性：百岁吃顿糕，日后步步高；生日吃顿糕，办事不发毛；喜事吃顿糕，日子过得好；丧事吃顿糕，阴间饿不着；搬家不吃糕，一年搬三遭；五月端午吃凉糕，包粽子，放红枣；六月六吃素糕，西葫芦羊肉一锅搅。

糕，根据使用原料的不同可以分为两类。一类是“毛糕”，是指用没有脱皮的黍子面蒸成的大块糕。这种糕比较粗糙，吃起来口感硬而涩，是旧时天镇县及阳高县一带的农民家庭中日常的主食之一，也叫“黍子糕”或“连皮糕”。另一类是“黄糕”，是指用脱皮后的黄米所磨成的面而制成的糕。这种糕颜色金黄，口感筋绵香软，别具特色，旧时家境好的人家较多食用。黄糕又可以分为两类：一类是素糕，指蒸熟后不包馅儿，也不用油炸的糕。这种糕通常制成大块，蒸熟后就放在箅子上，吃时切片儿，再进行二次加工，或炸或烤或蒸或煮。如繁峙县和代县等地盛行的烩豆腐泡素糕，被当地人认为是家常饭中的上品。另一类则被称为油糕，特指用油炸过的小块儿的糕。当晋北人通常不加限定词，只说“糕”时，指的就是这种油炸糕。

油糕又可根据其馅料形式分为两类：没有馅儿的叫“实片糕”，有馅儿的叫“包馅糕”。通常婚丧大事中，需要大量做的糕一般不包馅儿。而逢年过节、迎客待亲、家人聚会时做的少量的糕，常常是包馅儿的。“包馅糕”中用于制作馅料的原料种类丰富，糕内可包红糖、豆沙，也可包豆渣、蔬菜，甚至也可使用肉馅儿制成。

此外，晋北人把刚炸出锅的糕叫作“现糕”。而把炸好的现糕一个挨一个码到大盆里，“盖”上被子，放到热炕上捂一两个小时再吃的糕叫“围糕”。现糕外脆内软，围糕绵软筋道，各有风味。晋北人还把吃剩的糕叫“旧糕”，旧糕也常常出现在人们的餐桌中，人们通常将其蒸着吃、烤着吃、放进稀饭或烩菜锅里煮着吃。

在制作糕的过程中需要注意，和好蒸熟后的糕面要尽快趁热揉揣多次后才能做成炸糕，而这揉揣的过程叫“掇糕”。“掇”的次数越多，做糕的面就越筋道，做出的糕才越好吃。而晋北人在食用油糕时，通常佐以白糖和粉汤食用，味道盛佳。

课后习题

1. 晋北气候寒冷、无霜期短、土地瘠薄，适宜种植黍子，黍子碾成的米被称为（　　），其性黏，所制而成的面可做糕，这是当地人爱吃糕的原因之一。

A. 小米　　B. 粳米　　C. 黄米　　D. 薏米

2. 在晋北把吃油糕当作一种吉利的象征，大年三十人们还要吃接年糕，寓意（　　）。

A. 恭喜发财　　B. 步步高升　　C. 幸福安康　　D. 一帆风顺

3. 油糕一般常见于逢年过节或款待亲朋好友时，食用时佐以（　　）和（　　），味道盛佳。

A. 咸盐　　B. 陈醋　　C. 白糖　　D. 粉汤

4. 简述制作晋北糕需要什么材料。

知识点2　眼花缭乱的晋中面

一、地方风物

晋中位于山西省中部，东靠太行，西临汾河，北部与省会太原市毗邻，是典型的少数民族散杂居地区。晋中地区饮食文化深受晋商文化的影响：一方面，主妇们将粗茶淡饭变得花样百出，主张粗粮细做，细粮精做，民间百姓虽不能有山珍海味，但也是尽力讲究，使用了炒、爆、煎、炸、烩、熘、卤、酱、拌等多种烹饪方法，可谓样样俱全，相沿至今的晋中面食，名目繁多，数不胜数；另一方面，商业流通使晋商格外注重饮食文化，形成“食不厌精，脍不厌细”的饮食习俗。晋商在频繁的人际交往和商业应酬中，饮食成为一种必备的交流媒介，晋商通过普遍的饮食交流，极大地提升了当地宴饮的规模和档次，因此有许多饮食不断地推陈出新，出现了众多经典美食。

二、历史渊源

晋中面食精致多样，与晋商有直接的关系。明末清初，贫瘠的土地，频繁的自然灾害，使大批晋中人纷纷离乡背井，外出经商。当时晋中的商人外出之多之广已遍及全国各地，在北京城曾流行这么一句话：“京师大贾数晋人。”当富裕了的晋商们终于回到家乡后，为妻儿老小盖起深宅大院之时，发现留守家中贤惠的主妇们一边在盼望亲人归来，一边在漫长岁月中，使用小麦、高粱、玉米等粮食练就了一手粗粮细做的精致手艺。而亲人归来后，家里更是要用花样繁多的伙食来迎接，但限于当时的条件，只能在五谷杂粮上精雕细刻，从而奠定了“一样面百样吃”的基础。

民间甚至流行这样一句话：“三百六十天，天天不重样儿。”意思是晋中一带的家庭巧妇，能用单调的面粉做出丰富多彩的面食品种，有的甚至可以在一年之内，做到主食天天花样翻新，没有重复。

三、食风食俗

（一）形状各异的晋中面食

晋中的面食种类繁多，如剔尖尖、变尖尖、溜尖尖、抿尖尖、擦尖尖、擀尖尖、握流流、搓鱼鱼、捏钵钵、斜食食、蘸片片、拉条子、掐疙瘩、捻疙瘩、柳叶面、包皮面、刀削面、小拉面等看起来形状各异，吃起来也风味独特的煮制面食，常常使远道而来的客人赞不绝口。

晋中面食词语的多彩，不仅体现了当地方言中面食类词库中动词的丰富性，也表现了晋中面食制作工艺的多样性。当地常见的面食制作工艺有削、拨、剔、溜、抿、擦、握、搓、捏、掐、压、拉、擀，都使得做面食者在此道中，可谓十八般武艺样样俱全。种种复杂的程序和动作，常常使外地人目不暇接、眼花缭乱，而当地的巧妇们却能在制作过程中神闲气定，各项工艺都能运用自如。

晋中地区用来制作面食的原料是多种多样的。不仅可以用白面做，还可以用豆面、高粱面、荞麦面甚至玉米面来做，其中高粱面又称红面。如今在太原的大小饭店里，红面剔尖儿、豆面抿尖儿、荞面鱼鱼、双色包皮面、三合面等已经成为山西特色面食的常备品种，深受大家的喜爱。就连曾让山西人“见面就头疼”——用玉米面制成的“钢丝面”，也在一些民间风味的餐馆里受到食客们的欢迎。

此外，在每年举办的国际面食节和餐饮业举办的各种面食技巧大赛中，如削面、拉面、拨面、剔尖儿等面食的制面工序，已经可以上升为高超的行为艺术，令观众大饱眼福，叹为观止。可以说，天天做、日日吃的面食，对于晋中人乃至整个山西人来说，已经不仅仅是口中的美味、心底的依恋，而已与醇香的汾酒和老陈醋一起，成为一种饮食文化的标签，走出了娘子关，并冲出了国门，足以让曾经自惭土气的“老醯儿”引以为傲。

（二）鲜香美味的“浇头”

晋中地区与面食相配的“浇头”系列的词语相对来说少得多。在民间，“西红柿打卤”“酸菜卤”和“小炒肉臊子”是最常见的，其他花样就不多了。这种现象是由当地特有的自然地理环境和传统的农耕经济所决定的。当地缺乏水资源，且过去蔬菜品种不多，加之旧时饮食习俗多主食、少副食，由此决定了当地多样化的杂粮面食品种。而晋人多食醋的习惯，也是由此形成的。

课后习题

1. “钢丝面”是以（　　）为原材料制成的面食。

A. 豆面　　B. 玉米面　　C. 白面　　D. 高粱面

2. 红面是以（　　）为原材料制成的面食。

A. 豆面　　B. 玉米面　　C. 荞麦面　　D. 高粱面

3.（　　）对晋中地区饮食文化民俗起到示范作用。

A. 民间餐馆　　B. 晋商　　C. 名厨　　D. 官府

4.（多选题）由于历史渊源和地理环境等因素的影响，（　　）是晋中饮食文化的特点。

A. 粗粮细做，细粮精做　　B. 做法多样

C. 讲究饮食　　D. 饮食以黍麦为主

5. 在晋中民间，（　　）是最常见的与面食相配的“浇头”。

A. 西红柿打卤　　B. 酸菜卤　　C. 小炒肉　　D. 蘑菇炒肉

知识点3　承载礼俗的晋南馍

一、地方风物

晋南地区，特指临汾市和运城市两地。准确地说，晋南实为晋西南，位于山西省的西南部，西以黄河（南北走向）接陕西省，南以黄河（东西走向）接河南省。晋南人可谓“顿顿不离馍，事事不离馍”。晋南当地还有一句俗语：“出门三件宝，馍馍、草帽和棉袄。”这也充分展现了晋南人对馍的喜爱。

二、历史渊源

晋南人认为“馍”乃当地方言，可能是在纪念一位女子。《史记》中曾记载，黄帝曾娶了一位名叫嫫母的河汾之女为次妃。根据当地民间记载，嫫母发明了石磨（因嫫母发明而成磨）后，人们磨麦粒成面，蒸熟而食，将所蒸面食沿袭“嫫”音而称之为“馍”。故流传至今，在山西境内，馒头几乎都叫馍。

三、食风食俗

馍，在晋南人生活中不仅能果腹，还承载着礼俗传统。“顿顿不离馍”是晋南人的生活，“事事不离馍”是晋南人的礼俗。

当地人所说的“馍馍像锅盖”中的馍，就与生活中顿顿吃的馍不同，这馍是指

“花馍”或“礼馍”，唯在时令节日、祭礼或走亲戚时才蒸，个头大、形状独特，还根据礼俗不同而变化各异。如大年夜要吃枣山馍、枣篮馍、金罐馍；元宵节要蒸馄饨馍；五月端午蒸老虎馍；六月六做莲花馍；八月中秋蒸月饼馍，不同节日的花馍各有说法。人生从幼童到老翁，岁岁生日蒸的花馍也有不同的意义。如婴儿满月要蒸鼓鼓馍、枣长花馍；周岁娃娃要吃鱼馍；孩童十二岁时要蒸项圈馍；青年人结婚时蒸花糕馍，一个花糕往往重达十多公斤；老人们过寿时蒸桃馍；当老人离别人世时，要蒸一些包馍。由此可见，晋南人一生离不了馍。

晋南的馍，不仅是礼俗，还是艺术。当地最具代表性的闻喜花馍，2008 年在上海世博会上展出时曾惊艳全场。

课后习题

1. “顿顿不离馍”是（　　）的生活，“事事不离馍”是（　　）的礼俗。

A. 晋东人　　B. 晋西人　　C. 晋南人　　D. 晋北人

2. 晋南人八月中秋蒸（　　）。

A. 枣山馍　　B. 老虎馍　　C. 莲花馍　　D. 月饼馍

3. 山西一些地方的花馍和面塑被列入了非物质文化遗产名录。最具代表性的（　　）2008 年在上海世博会上展出时曾惊艳全场。

A. 闻喜花馍　　B. 项圈馍　　C. 莲花馍　　D. 枣长花馍

4.（多选题）晋南人大年夜要吃（　　）。

A. 枣山馍　　B. 枣篮馍　　C. 金罐馍　　D. 月饼馍

5.（多选题）晋南人离了馍没法活。这话初听是有点夸张，但等你了解了馍在晋南人生活中的位置，你就知道这话说得一点不出格。“出门三件宝，（　　）、（　　）和（　　）。”

A. 馍馍　　B. 草帽　　C. 棉袄　　D. 锅盖

知识点4　多彩的晋东南汤饭

一、地方风物

晋东南，是指山西省东南部地区。晋东南地域在古历史中被称为“上党”，分为泽州、潞州、沁州三州，现在的晋东南地区主要包括长治市（古潞安府）和晋城市（古泽州府）两市，这里丘陵广布，平川极少。农作物种植以玉米、谷子、高粱、豆类为主，小麦次之。20 世纪缺衣少食的年代造就了当地人们重主食、轻副食，多稀食、少稠饭的饮食习惯。久而久之，越来越多的汤饭花样应运而生。常见的汤饭种类有和子饭、汤面、疙瘩汤、稠饭、米汤和玉米面煮饼等。

二、食风食俗

当地最常见的汤饭种类当数“和子饭”，主要是将小米、薯类、蔬菜和各种面制食物放在一起煮制，所以得名和子饭，又叫“米淇子”“调和饭”“混混饭”“调味饭”“糊子饭”“菜饭”“米羹”等。和子饭中的面食一般选用手擀面，且会在其中加入麻麻花调味增香。在晋东南一带，人们习惯将其放在早晚食用。

其次，当地人常吃的汤面多用杂粮面粉制作，在炝锅烹油后，加入青菜，用盐、醋、酱油调味后倒入清水，在水煮开后下入面条。常见的汤面种类有三合面条做的杂面汤、粉豆面汤，以及白面所制的揪片汤、面条汤和拌汤等。汤面一般作午饭食用，由于软烂好吸收，也往往是老年人、小孩及病人偏爱的饭食种类。

此外，当地人也喜爱“疙瘩汤”，也叫“拌汤”，是把面粉拌成絮状，再加入西红柿、青菜、香菜一起煮制而成的一种汤饭。晋东南沁县一带的人们，在婚嫁的时候，通常在把新娘迎来后，要让新郎新娘一起喝“起缘”拌汤，汤内放蜜和香油，喝完方可拜花堂，取夫唱妇随、和谐永乐之意。

另外还有一种汤饭种类叫作稠饭，是用小米和玉米面混合熬制成的半流状粥饭。在此基础上，勤劳智慧的晋东南人又将稠饭延伸出了各种花样。例如，圪糁稠饭，也叫糁汤，是用玉米圪糁充米制成的稠饭。再如，红豆稠饭，是用小米和红豆制成的半流状粥饭。又如，菜稠饭，是用南瓜、方瓜、胡萝卜、土豆等蔬菜与小米制成的粥饭，其中可以加少许盐调味而食。还有瓜糊饭，俗称“瓜糊涂”，是以玉面、南瓜或方瓜加盐制成。

除此之外，玉米面煮饼（煮疙瘩）也受当地人的喜爱，是用温水和玉米面（谷子面也可），再捏成小圆饼或长条状，在清水或稀米汤中煮熟，连汤食用，多作早饭食用。

这些各色各样的汤饭不仅可以果腹，且色香味俱全、营养丰富，是勤劳的晋东南人民智慧的结晶。

课后习题

1.（多选题）晋东南汤饭的种类包括（　　）。

A. 和子饭　　B. 汤面　　C. 圪糁稠饭　　D. 阳春面

2. 和子饭中的面食一般选用（　　）。

A. 手擀面　　B. 柳叶面　　C. 刀削面　　D. 煮饼

3.（判断题）圪糁稠饭，是用玉米圪糁制成的稠饭。（　　）

4. 简述稠饭的种类，并举例说明其制作原料。

5. 简述疙瘩汤的做法。

任务三 面食养生观

山西人善于粗粮细做，细粮精做。民间经常食用的面食种类就有五六十种，尤其是杂粮面食品，堪称山西面食一绝。在饮食精细化的今天，粗粮已然成为人们餐桌上的新宠，吃粗粮成为一种时尚风潮。

以下我们从“五谷为养”“粗粮细做”“本原相化”三个角度，结合一些中医理念，学习面食的养生观。

知识点1 五谷为养

五谷，古代有多种不同说法，后来成为粮食农作物的统称。《黄帝内经》中提到：“人之所受气者，谷也。谷之所注者，胃也。胃者，水谷气血之海也。”又云：“谷不入，半日则气衰，一日则气少矣。”这些都说明了气是生命之本原，也说明了五谷对人体之气产生的重要性。古人所提倡之“养”，归根结底是要保养“精、气、神”。“精、气、神”为人身三宝，而精与气同后天的水谷密不可分。

“五谷为养”理论出自《黄帝内经·素问》，这是中国最早的医学典籍，提出了“五谷为养，五果为助，五畜为益，五菜为充，气味合而服之，以补精益气”的饮食结构模型。意在指谷豆类、畜禽类、水果、蔬菜等食物品种多样，荤素搭配得当的全面膳食结构对养精益气的重要性。

需要注意的是，五谷养生还应依据体质而进食。比如说，平和体质的人群，建议日常以保养为宜，不需过于强调进补，可常食大米、小麦；而湿热体质的人群，可适当多食用一些赤豆、薏米、绿豆、蚕豆等。

中医学中有“五谷养五脏”的说法，由于人体各脏腑与四时相应，且各种体质相互间存在着差异，只有遵循适宜的“谷养”膳食原则，指导人们正确地进食“水谷”，才能真正地实现养生，吃出健康。

举个例子，豆类属水，重补肾，而大豆被称为“肾之谷”，具有补肾强身、润肤解毒的功效。再如麦类属火，重养心，其中小麦被誉为“百谷之贵”，而荞麦和燕麦更是高血压、心脏病人群调养之必备食材，能养心安神、除烦去躁。又比如粟米属土，重养脾。最常见的粟米类食物当数小米，小米为五谷之首，有补脾益胃的功效。

知识点2　粗粮细做

用各种谷类制作面食正是山西人的强项。大部分面食的原料都来源于大自然馈赠的“五谷”。而山西地区因为有着得天独厚的地理环境，盛产各类优质的小杂粮，是小杂粮的王国。此外，这里还是面食的故乡，有最美味的面食大餐，勤劳的人们用最朴实的烹制方法，将“五谷”打造成各种美食。

一、莜面栲栳栳

莜面栲栳栳是由莜面做成的。将搓好的栲栳栳整齐地码放在蒸笼中，急火蒸十多分钟，蒸出来的栲栳栳密密麻麻的像蜂窝一样。夹一块儿，在羊肉卤汁里涮一阵，再整块儿地放进嘴里，那种鲜美浓厚的羊肉汁滋润着整个舌头，同时莜麦面独特的质感也增添了一种恰到好处的美味。

二、碗托

碗托是由荞面做成的。荞麦面中含有丰富的蛋白质、B族维生素、植物纤维素等营养物质。将荞面加工成面条和碗托，切成条状，加上酱料拌匀，再撒上香浓滑嫩的芝麻，细品一口，满嘴都充斥着碗托的黏实质感。

三、手擀绿豆面

绿豆面是用绿豆制作的一道传统面食。绿豆中含多种维生素、钙、磷、铁等矿物质，不但具有良好的食用价值，还具有非常好的药用价值。绿豆能清热解毒、消暑除烦、止渴健胃、利水消肿，有“济世之良谷”的美誉。

知识点3　本原相化

一种好的食材，应能被身体消化吸收。山西面食是“原汤化原食”传统饮食养生观得以实践的理想沃土。“原汤化原食”主要强调了“助消化”的作用，也就是谷物中的 B 族维生素加快碳水化合物的消化和吸收。

众所周知，面食是富含碳水化合物的食物，而碳水化合物的代谢需要 B 族维生素的参与，尤其是粗杂粮中含有丰富的 B 族维生素，这些 B 族维生素属于水溶性的维生素，在煮制的过程中会溶解到面汤中，因此吃完面再喝碗面汤，可起到促消化的作用。在山西当地的餐馆就餐时，大多能见到柜台边有一免费供汤处，这汤不是别的，正是纯粹的面汤，它比水浓稠些，喝起来既有股绵甜味又能解渴，最重要的是还能助消化。

山西面食的“本原相化”还不止这些。山西的面食以汤煮、蒸制形式为主，既延续了“原汤化原食”的古老养生理念，又最大限度地保持食材的原生态。

比较能体现“本原相化”的还有粥，粥大多是以米、面、杂粮为原料，制作理念符合《中国居民膳食指南》中“谷类为主，粗细搭配”的原则。而五谷中最具养生价值的当数小米，中医说“糜粥自养”，一粒小米就是一粒生命。除了小米粥之外，山西人还喜欢喝二米粥，就是大米和小米一起熬出的粥。人们还可以根据喜好与营养需求，搭配枸杞、山药等食材，在小米粥的基础上做出各种富含营养的粥品。

另外，许多带馅儿的面食也是发展变通后的产物，这些面食中不仅可包豆馅儿，还能包各类菜肉馅儿等，既为主食，又兼副食；既有荤菜，又有素菜，不仅味美，还易于人体消化吸收，使营养元素得以互补，符合人体平衡膳食的要求。

课后习题

1.（　　）被称为“肾之谷”。

A. 小米　　B. 绿豆　　C. 大米　　D. 大豆

2. 山西人善于粗粮细做和（　　）。

A. 粗粮粗做　　B. 细粮精做　　C. 细粮细做　　D. 细粮粗做

3.（判断题）山西被称为“小杂粮王国”。（　　）

4.（判断题）山西人的面食以汤煮、蒸制形式为最，延续了“原汤化原食”古老养生理念。（　　）

5. 请列举几道山西人粗粮细做的美食。

项目二　民俗中的面食

形态各异、内涵丰富的山西面食不仅是日常食品，在传统节日与人生礼仪中也是必不可少的，朴素的山西人更是用美妙的音符讴歌面食、用精湛的技艺表演面食制作。那些植根于山西民间的面食、面塑，无一不蕴含着深厚的文化底蕴，散发着浓郁的乡土气息，体现着古老的民俗。

任务一　传统节日中的面食

节日是一种纪念，更是一种传承。它是生活的缩影，更是历史的沉淀，节日贯穿了我们的一生，是延续亲情的纽带。通常在这些节日里，含蓄内敛的山西人真切的感情才能通过各种形式表达出来，同时浓浓的乡味、独特的习俗也得到了充分表现。在山西诸多的传统节日中，表达情感不可或缺的媒介就是各类面食了。

民间节日，与岁时同步，和稼穑有关，而稼穑就直接与饮食相连。逢年过节，人们最大的变化就是饮食的改善。每个节日有不同的饮食特色，不同的饮食又包含着不同的文化内涵。比如大年夜，山西人要吃枣花馍、枣山馍、金罐馍、银罐馍等面食，象征在新的一年中，增长智慧，福寿安康、阖家欢乐。再如，元宵节要吃馄饨，婴儿满月有鼓鼓馍，周岁要吃鱼馍，十二岁要蒸项圈馍，青年人结婚有花糕馍，老年人过寿蒸桃馍……如此林林总总，把面食和人的一生紧密结合在一起，既说明了面食在山西人生活中不可或缺的作用，同时也印证了山西的“面食王国”之名名不虚传。

一、“爆竹声中一岁除”——春节面食

“爆竹声中一岁除，春风送暖入屠苏。”春节可谓中国人一年中最重要的节日。

在晋中平遥，一盘面质筋道、滑爽可口的碗托是平遥人春节餐桌上必不可少的一道美食。蒸熟搭配火腿麻花食用，不同的调味之间相互平衡，口感油润绵密，风味十足。与平遥城里的风味和精工细作不同，晋东南的长治人在春节喜欢玉米、小米和黄豆制成煎饼，筛出细腻的杂粮面糊后，在鏊子上快速成型，空气中甚至都浸润着朴素的甜香。在后稷的故里稷山县，邓氏麻花世代相传，人们在分板打畦进行揉搓后，将其放入油锅，直到金黄和酥香一并溢出。在晋南的闻喜县，过年时常做花馍枣山用来祭祀。通过插花、点染、整形等步骤制成的花馍，寓意花开富贵、天瑞祥和。

二、“千门开锁万灯明”——元宵节面食

“千门开锁万灯明，正月中旬动帝京。三百内人连袖舞，一时天上著词声。”元宵节时分，家家户户亲人团聚，人们多食用元宵，以庆祝团圆。元宵节吃元宵的习俗始于汉朝，根据民间记载，汉惠帝刘盈死后，吕雉作为皇后，阴谋篡权，周勃、陈平等人扫清“诸吕之乱”后，汉文帝刘恒登基，平定之日恰逢上元节，刘恒遂把此日定为元宵节，以表示欢庆胜利，并将汤圆、油饼等定为节日食物。

山西的元宵以洪洞元宵和太原的老鼠窟元宵最为有名。根据记载，洪洞元宵早在宋代就已享有盛名了，史料中甚至有“平阳临近各县竞相来购”的记载。清代以后，其配料和制作技术更加精湛。每逢正月十五，满城皆有元宵摊点，购买者络绎不绝。洪洞元宵之所以出名，是因为主要原料之一的糯米，在经过当地霍泉水浇灌后，品质愈加优良的缘故。根据记载，这种糯米与“沁州黄”小米曾一同被选为皇家贡品。而地处太原市钟楼街的“恒义诚”老鼠窟元宵，早就闻名于省内外，每到元宵佳节之际，对于老太原人来说，不吃“老鼠窟”，那就不算过元宵节，恒义诚老字号元宵已成为太原人延续多年的一种饮食情怀。

三、“清明时节雨纷纷”——清明节面食

清明节前一天为寒食节，是为纪念春秋时晋国大夫介子推的节日，这天不准见火，不能做饭，山西省各地民众更要吃准备好的面食，如寒燕、子推蒸饼。晋西北岚县及晋北忻州地区，在寒食节前一天要蒸大馍，此馍比平常的馒头大三四倍，上面捏放蛇、虫、鸟之类动物，只让成年男子食用。女人吃的馍被捏成大鱼形，老人吃的捏成猪头形，而小孩吃的则捏成老虎形。与此同时，人们还要将馍捏成小拇指大小的飞禽走兽、瓜果虫鱼等形状，此工艺也被称为“捏燕”，将蒸熟后的面食串成一串，象征着人们盼望大地回春的愿景。

清明节当天，家里所有的男性成员要成群结队去上坟，给已故的祖先添坟、烧钱财、送春天要穿的单衣等。上坟回来后，将上坟的花馍上锅隔水焖热，在午餐时分给家里的人吃。在当地，清明节期间要吃用绿豆发出的豆芽，寓意清明过后万物开始发芽，并准备好迎接新一轮的耕作。

四、“月到中秋分外明”——中秋节面食

在过中秋节时，山西人的传统是将月饼分为两类：祭月月饼和普通的食用月饼。祭月月饼讲究四个一斤，包含着“四平八稳，对称和谐”的意愿。晋西北的祭月月饼稍有不同，由大到小垒起来，垒成宝塔状，顶尖处放置桃形月饼。而普通的食用月饼大小不同，以圆为主，也有葫芦形、桃形等。繁峙县的月饼比较独特，人们常制作球形月饼。晋南地区的民众，各家在中秋节前都会制作一个特大型的月饼，专门用来祭月。山西的月饼中，最为著名的当数起源于清崇德年间，距今有三百多年的历史的郭杜林月饼和神池月饼了。此外，大同的混糖月饼、右玉的胡麻油月饼、祁县的雪莲酥月饼和汾阳月饼也都备受老百姓的喜爱。

在晋东南地区，八月十五当天要请女婿上门，设酒招待。并在傍晚皓月中天时，在院里摆上供桌，上面放月饼、西瓜、毛豆、水果等物用以祭月。过去民间拜月，还要挂一张月光图，就是纸上画有月中嫦娥，配有玉兔、木杵、桂树等。一切准备就绪后，便可开始祭月了。老人们在拜月时还要念拜月歌，大体内容是“八月十五月儿圆，西瓜月饼敬神仙，有吃有喝还有穿，一家大小都平安”。姑娘们拜月却别有一番情趣，一般不与大人一块儿拜，单独设月光图拜祭，虽口不出声，心中却充满了对未来美好的期望。

五、“每逢佳节倍思亲”——重阳节面食

山西重阳节风俗文化的传承十分久远，重阳登高、饮酒、系茱萸避邪的习俗在境内代代相传。太原民间广泛流传有“人逢九，必多灾”的说法，而重阳节又恰逢“重九”之日，所以太原人普遍在逢九之日穿红衣、系红腰带，以避灾祸。吃重阳糕的风俗在宋代已经十分普遍，明清沿袭仍不衰。重阳糕是山西面食糕点的传统品种之一，是以枣泥、银杏、松子、杏仁等为馅，每铺一层面夹一层馅，共九层，象征“九重天”。也有的在糕点上做两只小羊，寓意“重阳”，还有的在糕上插彩旗，以图吉庆。至今在山西民间仍然重视“糕”的谐音，不仅在重阳节，在任何喜庆宴席上都常常可以听到人们念叨着要吃糕，哪怕是山西传统的软黄米面“油糕”，人们也会脱口而出“步步高升”或“步步登高”的祈愿，这都说明重阳糕的文化寓意早已融入山西人的信仰风俗之中。

课后习题

1. 晋西北岚县及晋北忻州地区，在寒食节前一天要蒸大馍，此馍比平常的馒头大三四倍，上面捏放蛇、虫、鸟之类动物，只让（　　）食用。

A. 儿童　　B. 成年男子　　C. 老人　　D. 成年女子

2.（　　）起源于清崇德年间，距今有三百多年的历史，以“酥、绵、利口、甜香、醇和”的口感特征著称于世。

A. 郭杜林月饼　　B. 双合成晋式月饼　　C. 胡麻油月饼　　D. 汾阳月饼

3. 祁县（　　），形如雪莲，色如白雪，酥香绵润，回味无限。一经面世，便受到市场的好评。

A.“雪莲酥”月饼　　B. 双合成晋式月饼　　C. 胡麻油月饼　　D. 汾阳月饼

4.（多选题）山西人的传统是将月饼分为（　　）（也称团圆月饼）。

A. 空心月饼　　B. 祭月月饼　　C. 普通的食用月饼　　D. 混糖月饼

5.（多选题）重阳节是秋季除中秋节以外的又一个重大节日，民间在该日有（　　）等习俗。

A. 登高　　B. 插茱萸　　C. 赏菊花　　D. 吃花糕

任务二　民俗中的面食——人生礼仪

人的一生中会有几个重要的阶段，比如出生、新婚、过寿、故去，在这不同的阶段里，嗜好面食的山西人都有不同的面食相伴。

一、喜结良缘

结婚是人生中的一大里程碑事件，自古至今皆受到各地人们的重视，这又主要体现在仪式和饮食上，山西人在庆祝这一喜庆的事件上，表现突出的还有各种面食。

订婚宴上的面食一般多为面条，寓意两家关系情深意长。订婚之后，新人双方家长要择吉日分别请亲友吃饭，其中男方家的宴席上一定会上一盘饺子，名为“捏嘴饺子”，意思是希望女方不要再添加彩礼了；而女方家设宴时，则会针锋相对地上一道山西名吃臊子面，意思是彩礼不能少。

在迎婚前，男方家除了需要准备各样衣物饰品之外，还需要准备“离娘肉”与“离娘面”。

在山西大多数地方，婚后的妇女会在每年的正月初二回娘家，除了看望父母、向娘家拜年之外，最重要的一个任务便是将娘家做的各种花馍带回婆家，当地人称为“口里馍馍”，寓意一辈子平平安安。

二、璋瓦之喜

“璋”是一种玉器，古人把璋给男孩玩，希望其将来有玉一样的品德，因此生男被称为“弄璋”。而“瓦”则指的是纺锤，古人把瓦给女孩玩，生女就称为“弄瓦”。山西部分地区至今还保留着这种传统的表达方式。

孩子出生后的第三天，会给外婆家送去馒头、馍子，同时还要带上一对蒸熟的奶葫芦和饼子，设供于孩子外婆家的水瓮上，同时还需在水瓮上面放置一把擦子，在擦子的上面摆上馒头、奶葫芦、饼子，铺灯并燃香火，祈求让孩子所需的奶水通达、充足。

此外，婴儿满月时，往往要举家庆贺，蒸馍做糕庆祝“家有后人”“添丁之喜”“足月之喜”。

山西民间还十分重视孩子的周岁礼仪，将其视同满月礼那样隆重，俗称“贺周岁”。外婆要为外孙蒸制九个面石榴、一个佛手，俗称“九石榴一佛手”，取“留住”“有福”之意。

山西人将十二岁，视为人生的开端，并在十二岁后开始了向下一阶段，即成年期的过渡。所以山西人的十二岁生日很庄重，不仅要冠礼、开锁，更要吃项圈馍，保佑平安一生。

三、寿比南山

在晋南襄汾一带，有“三十石榴四十桃”的说法，即一个人满三十岁亲友要送面石榴祝贺，满四十岁则要送面桃祝贺。

每逢生辰，山西各地的人们都要举家庆贺、宴请亲朋，一般四十岁和五十岁生辰，皆不称为寿，而是叫作生日，仪式上则相对简单。而六十岁开始称为寿，六十以后，即七十大寿、八十大寿、九十大寿，仪式则更为隆重一些。

在寿宴开始前，有些地方要举行一定的仪式，即给老人拜寿。拜寿时行磕头礼，老人端坐在堂屋正中，晚辈依次叩拜，表达祝愿老人长寿的意愿。寿宴之日，亲朋好友登门道贺，寿宴主食则一般准备有面蒸寿桃，意在让众人“咬扎”，即咬去灾星，留住福禄寿三星。

在临汾一带，祝寿时要吃“长寿面”，而席间宾客在吃第一碗面时，要把面夹出一筷子，搭在事先放在饭桌上的一根大葱上，名为“添寿”，意在祝福老人益寿康宁。

四、魂归故里

如遇到丧葬事，主家以“问助馍”来招待来客，即主家不需要多蒸，而是邻里每家蒸五十个或一百个馍作为葬期来客食用，后再遇到人家有丧葬事之时仍照数归还，这叫“还助礼”。

晋中市祁县等地，人们会在死者左手放一串与死者岁数相等的小面饼，名为“咬牙饼子”，是为了帮助逝者在去地府的路上，经过恶狗村时，能够抵御恶狗的扑咬。而沁县一带则会在逝者袖子里装上小面饼，称为“打狗饼”。

七月十五日节前，晋北地区的民间妇女盛行制作面塑的活动。根据家庭实有人数，给每个人先捏一个大花馍，送给小辈的花馍要捏成羊形，称为面羊，寓意羊羔吃奶双膝下跪，希望小辈不要忘记父母的养育之恩；送给平辈的花馍，要捏成鱼形，称为面鱼，寓意连年有余；送给老辈的花馍要捏成人形，称为面人，寓意儿孙满堂，福寿双全。

课后习题

1. 山西大多数地方婚后的妇女会在每年的正月初（　　）回娘家。

A. 一　　B. 二　　C. 三　　D. 四

2. 山西人订婚之后，新人双方家长要择吉日分别请亲友吃饭，其中，男方的宴席上会上一道主食为（　　），意思是希望女方不要再加彩礼了。

A. 面条　　B. 花卷　　C. 饺子　　D. 油糕

3. 过（　　）礼仪，山西民间十分重视，视同满月那样隆重，姥姥家要为外孙蒸制九个面石榴，一个佛手，俗称“九石榴一佛手”，硕艳似真，取“留住”“有福”之意。

A. 一周岁　　B. 十周岁　　C. 十二周岁　　D. 十八周岁

4. 过了（　　）表示人生的开端，并开始了向下一阶段即成年期的过渡，该生日则很庄重，冠礼、开锁要吃项圈馍，保佑平安一生。

A. 十二周岁　　B. 十四周岁　　C. 十六周岁　　D. 十八周岁

5. 每逢生辰，山西各地都有举家庆贺宴请亲朋，一般（　　）开始称寿。

A. 六十岁　　B. 七十岁　　C. 八十岁　　D. 九十岁

任务三　民歌表演中的面食

民歌是广大百姓在长期的生产实践中，集体创作、广为口传、言简意赅并较为定型的艺术形式，表达了劳动人民的思想、感情、意志、要求和愿望，是民众智慧和经验的规律性总结。

《夸土产》是一首地道的山西民歌，20 世纪 50 年代由我国著名山西籍歌唱家郭兰英演唱，歌词逐一列举并热情讴歌了山西全省各地的，在历史上历经多年精心培育而形成的一大批远近闻名、为人们交口称赞的土特产品。其中尤其对国家历史文化名城平遥县所属的各乡各村的土特产品进行了非常详细的列数和称赞。其曲调优美动听，富有山西地方民歌风味，至今仍广为传唱。“平遥的牛肉太谷的饼，清徐的葡萄甜格盈盈，榆次太原祁县城，拉面削面香煞人。”歌词生动形象地体现了山西美食的魅力所在。

此外，面食表演也经常伴随民歌呈现在大众的视野中。山西太原的面食制作传统表演技艺最初产生于宋代，至今已有 1000 余年的历史。民间相传，宋时太原城中店肆盛极，各种肴馔、汤饼（面条）、水溲饼（拉面）种类繁多，街头巷尾操饭业者往往争奇斗艳、故弄技巧，以招徕宾客。当时凡盈实之家，多就餐于街市，不起家灶，亦不置家蔬。

至今，山西多位面艺表演师都能在舞台上熟练并极具艺术性地为来宾表演如“长寿一根面”“独轮车刀削面”“龙须拉面”“面吹气球”等绝技，常常引得现场阵阵掌声。而这些面艺表演师不仅面食技艺精湛，还在国内外多地进行表演，以弘扬中华面食文化。以下是几种面艺表演的简单介绍。

第一种是长寿面。按照中国民间的传统，历来就有生日吃长寿面的习俗，长寿面主料为高筋小麦粉，配以各种调料，代表人们对未来的一种美好愿望。脸即面，“脸长即面长”，于是人们就借用长长的面条来祝福长寿。渐渐地，这种做法又演化为生日吃面条的习惯，人们称之为吃“长寿面”。

第二种是刀削面。刀削面的制作过程具有极强的观赏性，经过历代手艺精湛的厨师们的传承，后又创造了头顶刀削面和独轮车头顶刀削面的技艺，大大地增加了表演的难度和趣味性。而这样的表演不仅充分体现了厨师对面食行业的热爱和创造性，也极大地扩大了山西面食的影响力。

第三种是龙须拉面。“龙须拉面”是流行于太原一带的特色传统面食，以其独特的风味和精湛的制作工艺驰名中外。它原是宫廷中的一道美食，后来辗转传到民间。据民间记载，“龙须”是古代皇帝的赐名，很直观地体现了这种拉面细如须发，不绝如缕的形象。

2007 年，经过我国烹饪协会多次实地考察以后做出认定：山西省是我国的面食之乡，这极大地肯定了山西面食在中国饮食文化历史上的地位。国务院先后于 2006 年、2008 年、2011 年、2014 年批准命名了四批《国家级非物质文化遗产名录》，截至目前，国家级非物质文化遗产中的山西面食技艺共有四种，代表了山西省风格独特的面食技艺。它们分别是：

2008 年，全晋会馆，传统面食制作技艺（龙须拉面和刀削面制作技艺）。

2008 年，晋韵楼，传统面食制作技艺（抿尖面和猫耳朵制作技艺）。

2008 年，太原双合成，月饼传统制作技艺（郭杜林晋式月饼制作技艺）。

2011 年，山西省新绛县，传统面食制作技艺（稷山传统面点制作技艺）。

山西省因受其地理、历史、自然环境、人文环境等因素的积淀和影响，使得山西人在适应自然、改造自然的过程中以其艰苦创造和乐观生活的品质，孕育出了丰富多彩的面食文化。在经过了几千年的发展和演变以后，山西面食的整个加工流程都充分体现了浓厚的地域气息，从而形成了独特的山西面食文化。

课后习题

1.（多选题）“平遥的牛肉太谷的饼，清徐的葡萄甜格盈盈，榆次太原祁县城拉面削面香煞人。大同的皮袄白格洞洞，平鲁的栲栳栳热格腾腾……”原歌词提到的山西面食主要有（　　）

A. 太谷饼　　B. 拉面　　C. 刀削面　　D. 莜面栲栳栳

2. 山西太原面食制作传统表演技艺最初产生于（　　），已有 1000 余年历史。

A. 唐代　　B. 宋代　　C. 明代　　D. 汉代

3. 有据可查的面食在山西就有 280 种之多，其中尤以山西的（　　）名扬海内外，被誉为中国著名的五大面食之一。

A. 龙须面　　B. 刀削面　　C. 长寿面　　D. 臊子面

4.“龙须拉面”是流行（　　）一带的特色传统面食。

A. 太原　　B. 大同　　C. 阳泉　　D. 运城

5. 截至目前，国家级非物质文化遗产中的山西面食技艺共有四种，代表了山西省风格独特的面食技艺，请列举出是哪四种面食。

项目三　山西面食流派与制作

任务一　晋北特色面食

知识点1　大同刀削面——山西面食的“明星”

一、地方风物

“一叶落锅一叶飘，一叶离面又出刀，银鱼落水翻白浪，柳叶乘风下树梢。”这首诗说的正是山西名吃——刀削面。而在山西各地的刀削面中，最出名的莫过于大同刀削面，堪称面食“王中王”。

大同刀削面是山西省著名的汉族小吃，入口外滑内筋，软而不黏，越嚼越香。山西省被称为“面食之乡”，其中大同刀削面是山西声誉最大、影响最广的一种面食，可谓“面食之王”，它与北京的炸酱面、兰州的拉面、武汉的热干面、四川的担担面被誉为“中国最著名的五大面食”。

刀削面对于大同人来说，是不可替代的感情归属，寄托着人情与乡情，意义非凡。对他们而言，对家乡的依恋与回味已经寄托在了一种食材的味道里。而这种味道陪伴着离乡人走南闯北，情有所依。

二、历史渊源

（一）削面工具的发展

刀削面全凭刀削，因此而得名，又称为“飞刀削面”。大同刀削面是著名的汉族小吃，而制作工艺中，用于削面的刀是很有讲究的。刀，一般不使用菜刀，而要使用特制的弧形削刀。削面刀也分为以下三类。

第一种刀，名叫平刀，也叫片刀，是最普通也最原始用的一种削面刀，这种刀削出的面呈柳叶形状，中间厚，两边薄。

第二种刀，名叫钩刀。铁片前面有个钩子，所以人们就把它叫钩刀。这种刀的材质一般是用铁皮或不锈钢做的，非常的结实耐用。目前一般都用于削面店，也属于专业的削面刀，削出的面长。钩刀也有宽刀和细刀之分，就是由刀口处的宽窄来决定面的宽窄。

第三种刀，外形类似削皮刀，一般家用较多，主要为了满足大部分不会削面技巧人群的需要。随着刀削面的发展，从片刀的基础上演化出的这种刀，在家庭中使用是非常方便的，它不需要太多的技巧，力使匀，往下拉即可。

（二）刀削面的起源与发展

刀削面，别名又叫刀砍面。关于它的来历，有这样一个有趣的故事，相传蒙古鞑靼侵占中原后，建立元朝。为防止"汉人"造反起义，他们将家家户户的金属全部没收，并规定 10 户用厨刀一把，切菜做饭轮流使用，用后再交回鞑靼保管。

一天中午，大同的一位老婆婆和好面后，让老汉去取刀，结果刀被别人取走，老汉只好返回。在半道，老汉的脚被一块薄铁皮碰了一下，他顺手捡起来揣在怀里。

回家后，锅开得直响，全家人等刀切面条吃，可是刀没取回来，老汉急得团团转，忽然想起怀里的铁皮，就取出来说：就用这个铁皮切面吧！老婆婆一看，铁皮薄而软，嘟囔着说："这样软的东西怎能切面条？"老汉气愤地说："切不动就砍。""砍"字提醒了老婆，她把面团放在一块木板上，左手端起，右手持铁片，站在开水锅边"砍"面，一片片面叶落入锅内，煮熟后捞到碗里，浇上卤汁让老汉先吃，老汉边吃边说："好得很，好得很，以后不用再去取厨刀切面了。"就这样，一传十，十传百，传遍了三晋大地。

后来，"凤阳"（现安徽省凤阳县）出了朱元璋，统一了中国，建立了明朝。这时，"刀砍面"不再局限为家常饭食，连市井摊点也开始广泛经营，甚至流传于大街小巷的社会摊贩中。后又经过多次改革，演变为现在的刀削面。如今在大同民间，仍有大部分人称刀削面为"刀砍面"。

三、食风食俗

如今，大同刀削面店在当地比比皆是，较出名的也有很多，如东方削面、七中刀削面、东关刀削面、小南街刀削面、老柴家刀削面等。其中"东关刀削面"是大同刀削面里最出名的一家，很多外地客人宁可舍弃大鱼大肉的豪华宴席，也要来这里专门品尝一碗刀削面。据说，最热闹的时候，这家店一天就用掉 18 袋白面，卖出 2000 碗刀削面。由此可见刀削面在大同的魅力。

大同刀削面演变到今天，除了成为受人青睐的乡土小吃之外，还演变成了民间的一种表演形式。技术高超的削面师傅，不是按传统方式，将面团拿在手里削，而是放在头顶上削面，削得眼花缭乱，面片左右翻飞、片片入锅，既让食客饱了口福，又带来了削面表演的视觉盛宴。

专业的削面师削出来的面片片均匀，一叶连一叶，恰似流星赶月，在空中划出一道道弧形白线，面叶儿落入汤锅后，汤滚面翻，又像银鱼戏水，煞是好看。一个技艺娴熟的厨师，每分钟能削二百刀左右，每条面叶的长短适中，恰好都是六寸。

四、制作流程

大同刀削面是著名的汉族小吃，之所以独树一帜，与它的做工有密切的关系。首先，刀削面对和面的技术有严格的要求，水、面的比例要求准确，一般是一斤面三两水（面水比为 10∶3）。先打成面穗，再揉成面团，然后用湿布蒙住，半小时后再揉，直到揉匀、揉软、揉光。如果揉面功夫不到，削面的时候容易粘刀、断条。其次，刀工也很重要，要熟练运用特制的弧形削刀，把面一条一条削下，刀面与面团表面持平，动作快而迅速，出力均匀，始终保持“刀不离面，面不离刀”。削下的面条厚薄均匀，粗细均匀，呈柳叶形状，状如二月春风裁出的细柳叶。

（一）制作原料

食材：小麦面粉 1000 克、水 380 克。

工具：一把弧形削刀。

（二）制作流程

第一步，和面。将 1000 克面粉，380 克温水倒入盆内均匀地搅拌起来，直至面柔软光滑，软硬适中。

第二步，盖上湿布醒发 30 分钟后再次揉制，反复此步骤直至面团表面光滑。

第三步，将揉好的面团滚成长方形，左手托住面团，右手握削面刀，将面一片片地削入开水锅中。

第四步，将煮熟的面捞出锅装碗，浇卤汤，加入香菜即可。

五、成品口味

（一）基本味型

刀削面是经济实惠、物美价廉的美食，色、香、味、形俱全，具有独特的大同当地风格。

除了刀削面基本的卤汤之外，“浇头”是多种多样的，如番茄鸡蛋、肉炸酱、牛肉汤卤、金针木耳鸡蛋卤，肉丝蒜薹等，不过这些都要在加入基本的卤汤的基础上才更有滋味。刀削面也可配肉丁炸酱、小炒肉、大炒肉或三鲜打卤吃。其中三鲜打卤比较讲究，有海参、鸡丁、鱿鱼片等。大炒肉制法如同坛子肉，清水原汁加料焖制，滋味十分醇厚。小炒肉是用瘦肉或是里脊丝过油、溜汁，并配葱、姜、蒜片等制成。肉丁炸酱宜选肥占1/3，瘦占2/3的猪肉100克，切小丁，加葱、姜炝锅，将肉煸至八成熟，倒入100克黄酱，炒至酱呈栗色，起锅盛入小碗中即可上桌拌面吃。

在食用时，可以配一些素菜或小料，如黄瓜丝、韭菜花、绿豆芽、煮黄豆、青蒜末、红油、老陈醋，口感更为丰富，营养也更加全面。此外，在大同地区，削面馆还准备有免费咸菜和凉拌菜佐食，主要有酸菜、黑咸菜、卤豆腐、丸子、卤鸡蛋、卤豆腐、卤豆干等，配上刀削面一起食用，味道也更加独特。

（二）质感口感

大同刀削面外形中厚边薄、棱角分明、形似柳叶，片片面叶厚薄均匀、长短不一。放入口中，外滑内筋，软而不黏，越嚼越香。

（三）营养功效

首先，大同刀削面通常用小麦粉制成，小麦粉中富含多种维生素和钙、铁、磷、钾、镁等矿物质，长期食用有养心益肾、健脾通肠、除热止渴的功效。

其次，大同刀削面通常使用猪肉作为原料进行卤汤的制作，而猪肉含有丰富的优质蛋白质和必需的脂肪酸，长期食用具有补肾养血、滋阴润燥的功效。

课后习题

1. 被称为面食“王中王”的是（　　）。

A. 大同刀削面　　B. 剔尖　　C. 龙须面　　D. 刀拨面

2. 根据面食的形状和制作工艺，被比喻为柳叶的是（　　）。

A. 大同刀削面　　B. 剔尖　　C. 擦尖　　D. 刀拨面

3. 制作刀削面使用（　　）作为工具来进行削面制作，削面时用左手托住醒发好的面团，向下倾斜成（　　）度角。右手握削面刀，刀面与面团表面持平，动作（　　），始终保持（　　）。

A. 弧形削刀　　B. 30

C. 快而迅速，出力均匀　　D. 刀不离面，面不离刀

4.（实训题）根据大同刀削面的制作流程，准备原材料并制作一份大同刀削面。

知识点2　莜面栲栳栳——山里人的好茶饭

一、历史渊源

莜面栲栳栳是山西十大面食之一。根据《辞海》中的释义，栲是指植物的泛称，栳是指用竹篾或柳条编成的盛物器具。

莜面栲栳栳，在内蒙古地区也叫莜面窝窝，是山西北部高寒地区民间的一道家常美食，作为杂粮小吃在饭店酒楼大受欢迎。其制法、名称、来历，都要追溯到1400年前的隋末唐初。根据民间记载，在唐国公李渊被贬太原留守期间，他携家眷途经灵空山古刹盘谷寺时，老方丈特制了这种莜面食品以款待。李渊问："手端何物？"老方丈答："栲栳栳"。唐寅有诗云："琵琶写语番成怨，栲栳量金买断春。"看来当时方丈是以手端的小笼屉作答了。后来李渊当了皇帝，便派老方丈到五台山当住持。老方丈带领众僧赴任，路过静乐县，看莜麦初收，便把莜面栲栳栳制法传给当地。再后来这种民间面食传遍了晋、陕、内蒙古、冀、鲁等地，成为北方山区人民的家常美食。

民间还有一种说法，由于历史上的李世民父子在太原起兵时，用的就是这种面食犒劳三军，一举建立大唐王朝，所以栲栳是由犒劳一词流变而来。通过这些历史故事，莜面栲栳栳在山西民间除了是一道家常美食之外，确实还有犒劳亲朋贵宾之意。在雁北和吕梁山区，人们赋予吃莜面栲栳栳以"牢靠""和睦"等美好象征。每逢老人寿诞、小孩满月或逢节待客，多以此进餐。山区有些人家婚配嫁娶时，新郎新娘也要吃，意为夫妻白头到老。年终岁末时更要吃，以祈盼全家和睦、人运亨通。

莜面栲栳栳已于2009年由山西会馆餐饮文化有限公司申报，同年被列入山西省第二批省级非遗名录。

二、制作流程

第一步，将200克左右的莜麦粉放入和面盆中，将烧好的开水分次倒在莜麦粉上，用筷子把水与莜麦粉搅拌均匀，成面絮状。

第二步，用手把所有的面絮与干粉揉在一起，揉成光滑的面团，揉好的面团分成几个块状，放在蒸锅里蒸一下，可使制作好的栲栳栳更光滑。

第三步，将揉好的面团放在案板上，两手按在面团上，来回揉搓面团，使其表面光滑，并成为长条状。

第四步，一手握住长条状面团末端的腰身处，另一只手放在末端处约大拇指宽度的地方，揪下一个剂子，两掌心相对，把剂子在手心里揉成光滑的椭圆形。如果搓制过程手法不熟悉，可以在刀背上进行，刀背光滑有利于新手操作。

第五步，将椭圆形剂子放在案板上，手掌心向下按在剂子上，用适宜的力度向前推压手掌心，可以看到剂子的末端被推压成薄片状。

第六步，继续向前推动到剂子的另一端，整个剂子就被推压成薄薄的片，再用食指与拇指相配合，把面皮的一端揭起缠在食指上。

第七步，轻轻地向上把面皮提离案板，同时朝人体内侧方向往里绕面皮，面皮就轻松地搭在食指与拇指上。

第八步，抽出大拇指，面皮就在卷曲在食指上形成中空形状，这就是制作好的栲栳栳。在电饭煲蒸屉里铺一层蒸笼布，把栲栳栳竖立摆放在蒸笼布上蒸熟即可。

三、成品口味

（一）基本味型

莜面栲栳栳（栲栳栳 kǎo lǎo lɑo）是山西高寒地区著名的传统面食小吃，属于晋菜。“栲栳栳”是用莜面精工细作的一种面食品，因其形状像“笆斗”，民间称之为“栳栳”。

（二）质感口感

莜面栲栳栳工艺讲究，不仅外观美观，而且口感筋道，再加上羊肉臊子台蘑汤，可谓“一家吃着十家香”，流传至今已成了一道地地道道的美食，就连康熙皇帝朝拜五台山时，也以品此美食为人生快事。

（三）营养功效

莜面的营养价值很高，富含丰富的钙、磷、铁和叶黄素。其口感筋道，能耐饥抗寒。莜麦不仅有耐饥抗寒、保肝、保肾、造血及增强免疫力之作用，而且有强体、健脑、清目、美容之功能。经常食用不仅可提高智力、降低胆固醇，对降压防癌、预防糖尿病也有良好的效果。

课后习题

1. “栲栳栳”是用莜面精工细作的一种面食品，因其形状像“(　　)”，民间叫“栳栳”。

A. 琵琶　　B. 笆斗　　C. 簸箕　　D. 栲栳

2. 莜面栲栳栳，在内蒙古地区也叫莜面窝窝，是山西（　　）地区民间的家常美食。

A. 晋南　　B. 晋中　　C. 北部高寒　　D. 中部平原

3. 制作莜面栲栳栳时，莜面面粉和热水的比例为（　　）

A. 1 : 1　　B.2 : 1　　C. 1 : 2　　D. 2 : 3

4.（多选题）在雁北和吕梁山区，人们赋予吃莜面栲栳栳以“(　　)”“(　　)”等美好象征。

A. 幸福　　B. 牢靠　　C. 和睦　　D. 安康

5. 简述莜麦对人身体的良好作用。

知识点3　搓鱼鱼——粗粮巧做的典范

"莜面鱼鱼豆青青碗儿，哥哥坐在我眼跟前儿"，一首晋北民歌生动地展现出了女子对情郎的爱恋。一张桌子，一个豆青色的碗里盛满了莜面鱼鱼，形成了一幅美好的画面。

一、地方风物

莜面是由莜麦加工而成的面粉。是山西省北部的大同、忻州等地区的特色产物。莜麦最早起源于中国华北一带的高寒山区，根据记载，山西省神池县可能就是莜麦的最早发源地区之一。大约在公元前 9 世纪，莜麦由山西传入内蒙古，逐步普及到北方的山区、丘陵区和部分平川区。后来随着人们对莜麦认识的深化，逐渐传播到了全国各地。

莜麦是一年生草本植物，生长期短，成熟后籽实容易和外壳脱离。将其磨成粉就叫莜面，也叫裸燕麦面，又叫莜麦面。莜面的营养成分是其他面粉营养成分的七倍以上，可与精面粉媲美。

二、历史渊源

根据《史记》记载，汉武帝时期，战事不断，北方地区的游牧民族——匈奴经常骚扰汉地，汉武帝大怒，随即命大军前去征讨。可是游牧地区的匈奴大军作战不定，而此时汉军的补给全靠长安从内地及各郡征调，补给环节薄弱，很容易遭到打击。于是，汉武帝命随军驻地垦荒，以供军需。当时其他农作物在当地产量有限，但是莜麦一经播下，生长迅速，产量很高。汉军食用后，军力大增，最后大获全胜。汉武帝龙颜大悦，亲自为这种谷物取名，赐名为"莜麦"。从此，这种谷物就在中华大地扎下了根。

在晋北地区，莜麦要做成可食用的莜面必须经过"三熟"：第一熟是先把脱壳后的莜麦炒熟，磨成面粉；第二熟是用滚水把莜面泼熟；第三熟是趁热和好面后，做成各种花样，最后蒸熟。而把莜面剂子搓成条，手掌在中间用力一按，这样两头尖、中间扁，形状像鱼的面食就叫作"莜面鱼鱼"。

三、食风食俗

莜面鱼鱼深受晋北地区人们的喜爱，吃法讲究，一年四季吃法也有不同，甚至各有风味。

进入初春，广大农村的新鲜蔬菜不多，而家庭自己腌制的酸白菜、酸圆菜相对比较充足。将腌酸菜浸泡后，切碎同猪肉或猪油、粉条、山药、豆腐等烩出一锅烩酸菜，把蒸熟的莜面鱼鱼放进烩酸菜碗内，再放一些油炸辣椒调拌着吃，一两碗进肚，身上、头上都出汗。

进入夏季，新鲜蔬菜多了，蒸出莜面鱼鱼，用醋、酱油、水、盐，调和成“冷盐汤”，汤内再放入蒸山药尖尖、烧茄子、黄瓜、水萝卜丝、韭菜和香菜段，再加一些大蒜块或大蒜末，冷汤调莜面，几碗下肚，格外爽口。

进入秋季，农村自种的山药、番瓜、白菜、圆菜等都可以自食自用了，不管是冷调莜面鱼鱼，还是热调莜面鱼鱼都深受人们的喜爱。冷调莜面鱼鱼的制作方法与夏天的制法大体相同。热调莜面鱼鱼，就是以新山药、新番瓜、新白菜为主要材料，烩上一锅大烩菜，调上热腾腾的蒸莜面鱼儿，吃上几碗，特别可口。

进入冬季，天寒地冻。配以大烩菜，或以加土豆条的羊肉汤、猪肉汤热调莜面，再加上一些油炸辣椒末，都能有暖身滋补的效果。

四、制作流程

（一）制作原料

莜面鱼鱼原料：白面、莜面、开水。

酸菜土豆卤原料：酸菜（黑酸菜、大芥菜或寿阳小酸香）、土豆、色拉油、花椒、干红辣椒、香菜末、熟白芝麻、淀粉、大葱、生姜、盐。

（二）制作流程

第一步，将白面、莜面倒入盆中混合均匀，倒入开水拌成面穗子。

第二步，面穗子稍凉后揉成光滑且软硬适中的面团，盖上布“醒”二十分钟。“醒”好后再次揉制，揉匀柔光。

第三步，面团下剂 5 克左右，逐个放在案板上，拿一个剂子放在手掌心，搓成两头尖、中间圆，长 6 厘米的长条，双手压一下，放在蒸笼里，依次摆放上，急火蒸 6 分钟即可。

第四步，将大葱、生姜、香菜切末，干辣椒一分为二。并将酸菜汤水分离，把酸菜放入冷水中洗干净。土豆切成宽扁条，把所有原料都分类放入小碗中备用。

第五步，起锅放色拉油，烧至四成热，加入花椒、干辣椒炒香后再加入葱、姜炒香。

第六步，加酸菜炒出香味后加原汤煮 20 分钟，然后加入土豆条再煮 3 分钟，加盐后出锅，再加入葱、姜末，熟芝麻即可。

第七步，最后将莜面鱼鱼与酸菜土豆卤拌食即可。

五、成品口味

莜面鱼鱼蒸熟后有一种天然的清香，让人食欲大增。在冬天，蒸一笼鱼鱼，揭开锅盖的那一瞬，蒸汽伴着莜面天然的清香霎时溢满整个屋子，让人心里瞬间温暖。

莜面鱼鱼不仅营养丰富，且有止泻、降血糖、促消化、健脾胃的功效。

课后习题

1.（多选题）高粱面鱼鱼分（　　）两种。

A. 扁扎鱼鱼　　B. 活水鱼鱼　　C. 细面鱼鱼　　D. 小鱼鱼

2.“高粱面鱼鱼”也叫（　　）。

A. 莜面鱼鱼　　B. 红面鱼鱼　　C. 黄面鱼鱼　　D. 荞面鱼鱼

3.（判断题）高粱富含单宁，只有经过沸水淘煮才可去其苦涩。（　　）

4. 简述高粱面鱼鱼的成品口味。

5. 简述高粱面鱼鱼的营养功效。

知识点4　原平锅魁——锅魁中的佼佼者

一、地方风物

原平锅魁是忻州原平的特产。原平锅魁是山西省一种烤制的汉族传统名点，面饼呈橙黄色，具有香、甜、酥、脆的特点。根据包馅与不包馅可以分成空心锅魁和实心锅魁两种。 原平锅魁是锅魁家族的分支，以酥香绵甜、入口即融的特点，成为锅魁家族中的佼佼者，在晋西北一带颇为著名。

原平锅魁因夺得当地炉食之魁而得名，其状若块，约三寸长、寸许宽，卷边滚圆，呈圆边长方形，每个重 2 两。不包馅的称空心锅魁，包馅的则另有名称。应市的多是甜馅锅魁，其中最为上乘的是玫澄锅魁。因其酥脆香甜的口感，加之包馅的不同，使人久食不厌。原平锅魁在当地供不应求，不仅在本省内畅销，还直达京津，北上内蒙古，南下四川等地。

二、历史渊源

原平锅魁制作历史悠久，至今已有 300 余年。

原平锅魁本来叫锅馈，它是由一个食品店的学徒在无意之中创制的。追溯到清代，在原平城里有一家食品店的徒弟，趁着师傅外出的空儿，把做月饼剩下的小麦面粉掺上油酥，又包上糖馅，胡乱捏成一个疙瘩，用擀面杖压扁，再用手拽成鞋底大小的样子，放到炉内去烘烤，等烤熟了取出来一看，这馅饼黄澄澄的，又闻了闻感觉香喷喷的。正要咬一口品尝一下，恰好师傅从外面回来了，一进门就看见徒弟在拿着什么东西要吃，便开口问徒弟吃的是什么。徒弟以实相告，师傅从徒弟手里拿过来掰了一半尝了尝，感到徒弟胡乱做的这个东西酥松甜润，糖汁似蜜，口感一点也不比月饼差，当下就跟徒弟商定，就照这种样子经营它，并起名叫锅馈。很快他们经营的锅馈在当地就出了名，成了人们走亲访友时必带的食品。

后来，慈禧太后一行来到原平府下榻在城内有名的豪宅型夏林花园。当时衙门在为太后和光绪皇帝准备御膳时，把锅馈当作点心摆了出来，老佛爷看见后说："那个样子像鞋底似的，能好吃了吗。"听了衙门的介绍后，她才拿起一个掰了一小块尝了尝，不料这一尝使她竟然又拿起刚才放下的那一个，津津有味地吃开了。吃罢，老佛爷高兴地说："不错，不错，炉食之魁嘛，就是样子像个鞋底子。"慈禧太后的金口玉言使原本的地方名吃锅馈改名为锅魁。

三、食风食俗

原平锅魁不仅驰名三晋，而且远销内蒙古和京津唐地区。根据其馅料不同而有所区分，其中用于筵席的小锅魁，被人戏称为"蛤蟆含蛋"的空心锅魁。还有鲜肉锅魁、玫瑰锅魁等，品种繁多，备受人们的青睐。

四、制作流程

（一）制作原料

食材：精制小麦粉、纯胡麻油、白砂糖、老红糖、碱面。

（二）制作流程

第一步，制作水皮面：取 1/3 的面粉前一天发酵，第二天和 2/3 的干面粉加 5 两的水、1 两的油、适量碱面和软硬适中的面团。

第二步，制作油酥：1 斤胡麻油加 2 斤面粉和制而成油酥。

第三步，制作分剂：3 斤的水皮面和 2 斤的油酥充分揉匀，分成 1 厘米厚的面片，卷起分剂。

第四步，制作馅料：熟面粉 1 斤和红糖 2 斤，再加少许油，做成馅料。

第五步，包馅：锅魁每个 100 克，皮面 80 克，馅料 20 克，在面皮上撒上馅料，卷起。

第六步，成型：立放，压扁，擀薄成椭圆形，块形整齐，长约 14 厘米，大小一致。

第七步，烘烤：放入锅中烤至金黄色，即制即烤，炉温 200℃，烘烤 9 分钟。

五、成品口味

原平锅魁是一种烤制的面食，面饼金黄油润，具有香、甜、酥、脆的特点。烤好的锅魁皮酥层次分明，不偏皮露馅，口感酥绵甜香。咬开后，利口不粘牙，且外酥里软，入口幽香，能自然团化。存放后色味不变，始终酥脆如初。

课后习题

1. 原平锅魁制作历史悠久，至今已有（　　）年。

A. 200　　B. 300　　C. 400　　D. 500

2. 原平锅魁本名（　　），是由当地一家面饼店的学徒偶然创制而成的。

A. 烧饼　　B. 锅盔　　C. 锅馈　　D. 锅亏

3.（多选题）原平锅魁不仅驰名三晋，而且远销内蒙古和京津唐地区，有（　　）各种口味的，品种繁多，备受人们的青睐。

A. 鲜肉锅魁　　B. 玫瑰锅魁　　C. 红糖锅魁　　D. 空心锅魁

4. 请简述原平锅魁的历史渊源。

5. 请简述原平锅魁的成品口味。

知识点5　大同油糕——山西面食的王者

“三十里的莜面，四十里的糕”，糕在中国年深日久，它是一个典型的形声字，左右结构。“米”作形旁，标志着字义的范畴，属于谷物。右边是“羔”，在《字汇 · 羊部》中讲到“美，同羔”，可见在古代“羔”与“美”是异体字。《字监 · 旨韵》中提到，“美，俗下火作美”，也就是说“美”也可读作“gao”，而且表意，即“糕”是谷物里的美食。糕是美食毋庸置疑，但不是每个地方都适合种植制糕的农作物。

一、地方风物

中华饮食文化历史源远流长，一道美食的形成与它悠久的历史和独特的地理位置以及特有的气候条件密不可分。雁北地区气候干燥，黄土地最适合古老的谷物——黍的生长。雁门关及其以北地区与内蒙古草原间无山险阻隔，顺理成章地成为北方少数民族南犯中原王朝腹地的前哨阵地。大同和朔州作为连接北方游牧民族文化和中原农耕文明的纽带，在历朝历代的百姓与少数民族的长期交融、通婚中，共同塑造了雁北人魁伟的形貌、豪爽的性格和独特的饮食文化。

行家对山西面食曾做过这样的概括：“晋南的馍、晋中的面、晋北的糕。”不易消化的糕，现如今可能已不是大同和朔州人的餐桌必选，但一定算得上是他们的舌尖所爱。

二、历史渊源

根据民间记载，尧帝时期，农官后稷发现黍这种粮食作物后，教民种植推广。黍就成为远古华夏民族最先播种的谷物之一。新石器时期初期，黍是黄河流域的主要农作物，供古人食用和祭祖献神酿酒。盛唐之后，黍的种植面积开始减少，并逐步被稻麦所取代。如今，黍主要分布在晋西北、陕北及内蒙古等地，用黍制作食品在中国已有 5000 年的历史。史料记载，商周时就有角黍粽，秦汉时，又有了黍糕，到了唐代，又有了油炸糕。

618 年，唐王朝建立以后，先后在今陕西三原县的北部原区兴建了开国皇帝李渊、敬宗李湛、武宗李炎等帝王的宏大陵园，即献陵、庄陵、端陵。于是三原的北部原区便成了唐王室巡拜陵、从事狩猎的重要场所，经常是帝王御驾前往，王公大臣们的活动也甚为频繁，以致路上行人常年络绎不绝。这条道路上，有个村子距京城长安和原区都不远，便成了皇家往返休息的重要场所，人称“王店”。这个村也成了达官显贵、商贾富户常来常往的地方，随之兴起了物资交流、集市贸易，王店也成了兴旺繁华的“王店集”。

据记载，在“王店集”上有个油糕小店，该店做出的油糕外皮起泡、酥松润滑、馅软甜香，受到当地百姓的交口称赞。一天，唐太宗李世民前往北原狩猎，恰巧也尝了小店的泡泡油糕，吃罢他连连赞道：“好、好、好，见风消！”当即他便将泡泡油糕定为宫廷食品，于是该店的声名大振，前来品尝油糕的人更是络绎不绝。如今，泡泡油糕的制作技艺得到了改进和提高，已是“轻如白纱，薄如蝉翼”，入口即消。经过历代相传至今，泡泡油糕久盛不衰。

三、食风食俗

“稠粥莜面软黄金，荞面圪坨搅拿糕”，油糕可谓又黄又黏又甜，“黏”谐音“年”，“糕”谐音“高”，于是糕就有了“高高兴兴”“步步高升”“金榜高中”等吉祥寓意。因此，用黍子面做成的泡泡油糕就成了山西人逢年过节、喜庆寿宴、亲朋团聚的美食。在雁北，盖房要吃上梁糕，乔迁要吃搬家糕，婚嫁要吃锣鼓糕，逢年过节要吃节日糕……

过去，山西民间有个习俗，新媳妇过门要做的第一顿饭就是泡泡油糕。由于做油糕工艺复杂、劳动强度高，特别是踩揉烫手的热糕面需要极强的忍耐性，所以做糕便成了检验新媳妇是否体魄健康、勤劳干练的标准，也成了新媳妇能否贤惠持家的一道考题，这关系到她以后在婆家的地位，因此做好泡泡油糕成了雁北地区待嫁女子在娘家的必修课。

雁北炸糕有“素糕”“毛糕”“脆炸糕”三种。素糕是把黍子去皮磨面而蒸成的糕，也叫“黄糕”；连皮磨面做成的糕为“毛糕”；将素糕包上馅儿，入油锅炸出的，就叫“脆炸糕”。其品种分豆馅、糖馅、菜馅三种。豆馅有小豆、豇豆、扁豆、芸豆四种；糖馅有红糖、白糖两种，另外各加青红丝、玫瑰、核桃仁、果脯等；菜馅有绿豆芽、山药、胡萝卜。而做油糕最讲究做完糕后要留“糕根”，即在包完糕之后要剩一块素糕，把它捏成猪头状，即为“糕根”，预示有永远吃不完的糕。

“好吃不过油炸糕”，可见这炸糕在晋北百姓生活中的地位。正如清末的一首诗中所写“人心多好高，谐音制食物。又取年胜年，借以祈岁稔”。

四、制作流程

第一步，将黍米面加入适量温水，笼屉内铺湿笼布，将搅拌好的糕面均匀地撒在笼布上。

第二步，旺火蒸 20 分钟出笼。

第三步，反复揉搓蒸熟的糕，将揣好的糕团搓条下剂。

第四步，将糕团按成边薄心厚的圆皮，包入馅料，并按成棋子状。

第五步，趁热将包好的油糕下入热油锅中炸成色泽金黄、布满泡泡的油糕即可出锅。

五、成品口味

油糕具有“黄、软、筋、香”四大特点，一方面看起来色泽金黄、泡泡均匀、表皮酥脆，另一方面吃起来内里软糯、入口即化。

黄米富含蛋白质、碳水化合物、B 族维生素、维生素 E、锌、铜、锰等营养元素，具有益阴、利肺、利大肠之功效。可治阳盛阴虚，夜不得眠，久泄胃弱，疗冻疮、疥疮、毒热、毒肿等症。黄米面虽然价格便宜，但营养价值非常高。

课后习题

1. 相传尧帝时期，农官后稷发现（　　）这种粮食作物，教民种植推广。

A. 黍　　B. 粟　　C. 水稻　　D. 小麦

2. 在雁北，盖房要吃（　　），乔迁要吃搬家糕，婚嫁要吃锣鼓糕，逢年过节要吃节日糕。

A. 枣糕　　B. 上梁糕　　C. 花糕　　D. 凉糕

3. 雁北炸糕有（　　）“毛糕”“脆炸糕”三种。

A. 素糕　　B. 搬家糕　　C. 锣鼓糕　　D. 上梁糕

4. 连皮磨面做成的糕为（　　）。

A. 上梁糕　　B. 毛糕　　C. 搬家糕　　D. 凉糕

5. 简述大同油糕的品种及成品口味。

知识点6 浑源凉粉——因为凉所以惊艳

《护驾翠屏峡》（薛仁贵）

恒山风来立夏寒，斩尽胡鞑腹肌宽。

幸有御膳粉宴餐，太宗将士皆得欢。

《护驾翠屏峡》是唐太宗李世民御驾北征时薛仁贵写的一首诗，诗中提到的粉宴餐就是浑源凉粉。

一、地方风物

浑源县，隶属于山西省大同市，位于大同盆地的东南边缘，地处我国道教圣地北岳恒山脚下。浑源始置于西汉，于唐朝定名，因浑河发源于县境内，故名浑源县。

浑源县有诸多名胜古迹，如悬空寺、北岳恒山、麻庄汉墓群、归潜堂、千佛岭等。由于浑源县地处黄土高原的边缘地带，海拔高且属中温带大陆性季风气候，所以浑源县主要适合种植谷子、蚕豆、土豆等，这为浑源凉粉的出现提供了条件。

二、历史渊源

相传在贞观时期，李世民征讨高句丽 [gāo gōu lí]（也就是今天的朝鲜半岛）时路过恒山脚下，由于当时正值立夏，天气闷热，让人困乏烦躁。于是，薛仁贵命人给李世民做了清凉的粉团来去暑，李世民吃过后顿时神清气爽，精神焕发。传说“浑源凉粉”这个名字就是李世民起的。

后又有专家考证，我国制作凉粉的传说起源于东汉时期，刘秀起义反王莽时，起义军最初屡屡吃亏，军情紧急，刘秀心急如焚，严重中暑，一位乡野民医分析病情后，便把家里所剩不多，正准备发豆芽的绿豆，磨成了浆，加入清热去火的药材，煮成了一锅糊状的食物，没想到第二天变成了一个晶莹剔透的大粉团，切一小条放进嘴里，一尝味道不错。刘秀吃了这粉团，病好了，也爱上了吃这东西。粉团后来成为汉代宫廷菜，也就是现在的凉粉。

薛仁贵是山西河津人，河津距刘秀曾经活动的怀都和洛阳都很近，其祖上是河东的名门望族。由此推测，薛家人学会用绿豆做凉粉解暑的手艺，应该很容易。李世民东征时，薛仁贵为其做凉粉，应当是作为一种解暑药来吃的。直到后来土豆进入中国，由于发现用土豆淀粉做出的凉粉更加筋道爽滑，且产量高，浑源凉粉此后就改用土豆做了原料。

三、食风食俗

凉粉本来是在夏季为缓解炎热、清凉消暑的一种小吃，而浑源人爱喝凉粉，不分春夏秋冬，他们一年四季都有喝凉粉的习惯。浑源人食用凉粉的方式是喝而不是吃，因为浑源的凉粉十分软滑，再加上莲花豆、豆腐干和辣椒油，连吃带喝，最后忍不住连汤料都喝个底儿朝天。莲花豆香酥可口，豆腐干嚼得过瘾，而辣椒油则口感香辣，喝完以后真是让人流连忘返。

四、制作流程

（一）制作原料

主料：土豆淀粉 200 克、明矾 4 克、水 1600 克。

辅料：黄瓜、莲花豆、白豆腐干、香菜。

调料：盐、生抽、醋、花椒水、辣椒油、蒜水。

（二）制作流程

第一步，取适量水倒入土豆淀粉中，将其搅拌均匀。

第二步，在剩下的水中加入明矾并搅匀。

第三步，将明矾水倒入锅中煮开。

第四步，将水淀粉缓慢倒入沸水中，边倒边搅拌，直至黏稠起筋。

第五步，将做好的凉粉倒入事先准备好的容器内，直至放凉。

第六步，将黄瓜切丝，白豆腐干切片，香菜切碎放在一旁备用。

第七步，制作料水，将花椒水过滤，加入生抽、醋和盐搅匀。

第八步，将冷却的凉粉取出，切好并放入碗中，调入准备好的料水、蒜水，放入黄瓜丝、白豆腐干、香菜、莲花豆，最后调入辣椒油，一碗美味的浑源凉粉就做好了。

五、成品口味

浑源凉粉清凉爽口，香气四溢，以香为主，以辣为辅。薄泠泠，滑嫩嫩的凉粉，再加上特制的辣椒油、金黄的莲花豆、筋道的豆腐干、清脆的黄瓜丝，看起来就特别有食欲。外出的游子吃一碗浑源凉粉，就能找到家的味道。长大的孩子吃一碗浑源凉粉，就能找到小时候的感觉。绿豆淀粉做的凉粉既能清凉解暑，又能充饥，是一种完美的消夏佳品。

课后习题

1. 浑源凉粉是（　　）的特色小吃。

A. 大同　　B. 太原　　C. 西安　　D. 北京

2. 传说“浑源凉粉”这个名字是（　　）起的。

A. 武则天　B. 李世民　C. 郑成功　D. 姜子牙

3. 制作浑源凉粉时，水和土豆淀粉的比例为（　　）。

A. 1∶1　B. 2∶1　C. 3∶1　D. 6∶1

4.（多选题）浑源县主要适合种植（　　）。

A. 谷子　B. 蚕豆　C. 土豆　D. 莜麦

5. 简述浑源凉粉的制作流程。

知识点7　灵丘烧饼——色泽金黄，薄如铜镜

一、地方风物

灵丘县位于山西省东北部，大同市东南角，东面与河北省涞源县和蔚县相邻，西面与浑源县相邻，南面与河北阜平县相邻，北面与广灵县相邻。灵丘县位于五台山、太行山、恒山三大山脉余脉的交接处，由于各大山脉所处造山构造阶段不同，因而境内地质非常复杂。

汉高祖十一年设置了灵丘县，因为赵武灵王墓在此地而得名，属并州代郡。抗日战争期间，灵丘为重要抗日根据地之一，历属晋察冀边区。而平型关战役遗址是全国重点文物保护单位，位于灵丘县城西南的蔡家峪、小寨及白崖台乡的关沟、辛诘、跑池一带。

二、历史渊源

灵丘黄烧饼起源于灵丘县上寨村，据传是由村中一名屠匠发明，因色质焦黄而得名，至今已有 300 多年的历史，早在清朝中叶，就有几家店铺经营这种食品。

以前的黄烧饼，因工艺简单、产量很少，以及交通不便等原因，除当地销售外，只有广灵县、蔚县、涞源县、浑源县、大同市、太原市略有销售。中华人民共和国成立后，灵丘县政府很重视黄烧饼的生产，1956 年公私合营后，有关部门把原来生产这一食品的支贵德、宋秉元、白光成、李孝等人组织起来，成立了糕点加工厂。并改变传统的小吊炉烧烤设备，建制能批量生产的、又能充分利用火源循环的土炉，采取先进的制作工艺，使黄烧饼的生产由原来每年几千公斤，发展到 1966 年的 1 万多公斤，它不仅可供应市场所需，还登上了大雅之堂。

1973 年，周恩来总理陪同法国总理蓬皮杜访问大同期间，用黄烧饼作为雁北风味美食招待贵宾。在 1981 年 4 月全省举办的第一次糖业系统商办工业产品质量评比中，黄烧饼被评为名特产品。随着京原铁路的建成，灵丘的黄烧饼销路也越来越远。

在省内，每逢佳节，探亲访友，人们也把它当作馈赠佳品。到了 1983 年，除散销外，还增添了精美的盒装，深受远方来客欢迎。

2010 年，田师傅黄烧饼被评为大同市市级非物质文化遗产。田师傅名叫田志贵，土生土长的灵丘人，20 世纪 90 年代中期，在灵丘县制作黄烧饼的尽管有十多家，但由于流动人口逐年增加，在外的灵丘人越来越多，黄烧饼常常出现脱销的现象，尤其是在逢年过节的时候，想买黄烧饼还需提前预订，第六代传承人田志贵拓宽发展空间，办起了田师傅黄烧饼食品加工厂，由此解决了生产问题。

三、食风食俗

灵丘属温带大陆性气候，四季分明，冬长夏短，寒冷期长，雨热同季，季风强盛，盛产小麦、莜面、苦荞、花椒等。使用面粉、胡麻油、白糖、香料等原材料制作的黄烧饼就渐渐成为灵丘县的名点。

黄烧饼色泽金黄，薄如铜镜，上面还撒着少许白芝麻，香味扑鼻而来，让人忍不住想尝一尝。吃灵丘黄烧饼也是有讲究的，如果像拿书一样平着拿饼，那么刚准备张嘴去咬，饼则从中间一分为二，一半饼掉下，摔得四分五裂，足见黄烧饼太酥脆了。正确的食用方法应该是用一只手将饼竖起来，拿到嘴边，轻轻一咬，另一只手放在嘴下接着纷纷落下的碎屑，饼到嘴里，轻轻咀嚼，饼就化在嘴里，胡麻油和芝麻混合的奇特香味充满口腔，留有余香。

吃饼时最好配上一碗“炒米稀饭”，用火将小米炒至深黄散发出小米的香味，再用少量植物油和米搅拌，然后下到锅里熬成稀饭。“黄烧饼”搭配“炒米稀饭”，不但使饼的香味更加浓郁，而且易于消化吸收，是年老体弱的人和坐月子妇女的理想补品。

四、制作流程

（一）制作原料

面粉 500 克、糖 200 克、芝麻 10 克、栀子水 10 克、油 200 克、红糖水 10 克、水 90 克、小苏打 5 克。

（二）制作流程

第一步，把 350 克面粉倒入盆中，加入糖 200 克、油 200 克，反复揉搓和制成酥面后醒制 20 分钟。

第二步，把 150 克面粉倒入盆中，加入小苏打 5 克、水 90 克、黄栀子水少许，反复揉搓和制成水面后醒制 20 分钟。

第三步，先拿水面包酥面，然后反复折叠擀薄，下剂子擀成圆形放在烤盘上。

第四步，在饼上扎上密密麻麻的小眼，用红糖麻油水刷过之后，撒上芝麻放入烤箱，上火 200℃下火 160℃，烤制 10 分钟即可。

五、成品口味

灵丘烧饼成品色泽金黄，薄如铜镜，直径12厘米，周边厚1.2厘米，圆心较薄，每个重约80克。成品香甜酥脆、入口即化、可口味美、油而不腻，可日久存放，不变质味。

灵丘烧饼的主要原料是面粉和胡麻油。面粉中含有蛋白质、淀粉、脂肪、维生素和无机盐等。胡麻油富含 α-亚麻酸及各种不饱和脂肪酸，在人体内可直接转化成DHA和EPA，长期食用可修复更新脑神经细胞膜的不饱和脂肪酸链，起到健脑、促智、降血脂、抗血小板聚集、扩张小动脉和预防血栓形成等作用。

课后习题

1. 灵丘黄烧饼至今已有（　　）多年的历史。

A. 100　　B. 200　　C. 300　　D. 400

2.（　　）年周恩来总理陪同法国总理蓬皮杜访问大同期间，黄烧饼作为雁北风味招待贵宾。

A. 1971　　B. 1972　　C. 1973　　D.1974

3.（多选题）灵丘县的盛产有（　　）。

A. 小麦　　B. 莜面　　C. 苦荞　　D. 花椒

4.（多选题）制作灵丘烧饼的主料有（　　）。

A. 面粉　　B. 胡麻油　　C. 白糖　　D. 莜面

5. 简述灵丘烧饼的吃法。

任务二　晋中特色面食

知识点1　太原龙须拉面——世界拉面之最

一、地方风物

太原，山西省省会，简称并，别称并州，古称晋阳，也称龙城，国家历史文化名城、国家园林城市、太原都市圈核心城市，是山西省政治、经济、文化、交通和国际交流中心。

太原具有4700多年历史，2500多年建城史，“控带山河，踞天下之肩背”“襟四塞之要冲，控五原之都邑”。太原市三面环山，黄河第二大支流汾河自北向南流经此地，自古就有“锦绣太原城”的美誉，是中国北方军事、文化重镇，也是世界晋商都会，还是中国能源和重工业基地之一。

龙须面是一种传统面食，流行于北方广大地区。龙须面外观又细又长，且形似龙须，是由山东抻面演变而来，至今已有 300 多年的历史。在中国农历二月二龙抬头这日，素有吃龙须面之俗，龙须面至今已为居民普通食品，常年皆可食用。

二、历史渊源

龙须拉面起源于唐朝的小拉面。《新唐书 · 王皇后传》记有“陛下独不念阿忠脱紫半臂易斗面，为生日汤饼耶”。这种生日汤饼，已可“举箸食”（刘禹锡《赠进士张盥》），是和软面团，用刀切条，将条拉细、拉长后落锅煮熟食用，民间至今保留此法，称之为小拉面。王皇后为李隆基做生日汤饼的故事，发生在李隆基作潞州别驾的时候，可见那时候的唐代，至少在太原、长治等山西地区已将小拉面作为生日长寿面进行制作和食用了。后来，这一拉面技艺随着太原玄中寺中的净土宗东传日本，形成了日本拉面技术的基础。

到了宋代，赵光义铲平晋阳西北系舟山，意为拔掉“龙角”。第二年太原百姓将二月初的中和节改为“龙头节”，并固定在二月初二以作纪念。此日，百姓多吃拉面，意思是你拔我“龙角”，我挑你“龙筋”、吃你“龙须”，以示愤恨。自此，拉面又被称为龙须面，黄庭坚曾作诗云“汤饼一杯银丝乱，牵丝如缕玉簪横”。

元代时，马可 · 波罗三访太原，将这种拉面技术带回意大利，形成影响西方面食技术和饮食文化的意大利通心粉面食。小拉面在历史中何时发展成大把拉面，暂不可考，但明人宋诩《宋氏养生部》记载：“用少盐入水和面，一斤为率。既匀，沃香油少许……渐以两手缠络于直指、将指、无名指之间，为细条，先作沸汤，随拉随煮。”可见山西明代时已有大拉面制作技术。

清道光年间，山西稷山县马金定兄弟，千里迢迢去陕西岐山做挂面生意，字号“顺天成”，直到今天，岐山挂面还沿用这个老字号。这种挂面起初就是将面拉好后，挂在线上晒干销售，是面作为半成品销售的典范。清朝末年，拉面已成为山、陕面食制作的成熟技术。“千招易学，一窍难得”，拉面制作技术在中华人民共和国成立前曾被认为是“绝招”，秘而不传。中华人民共和国成立后，拉面的秘密逐渐在社会上得以公开，成为山西面案师傅的基本功，受到山西饮食界的重视，并不断在实践探索中细分为小拉面（一根面）、大拉面（6~8 扣）、龙须拉面（10 扣以上）、空心拉面等。

现在，龙须拉面除可食用外，还是一种表演艺术，拉至 14 扣时，共计 28924 根，相连长达 25 千米。全晋会馆的蒙眼拉面，还曾获得全国厨艺绝技超群奖，多次应邀赴日本、新加坡等国家和地区表演，龙须拉面被列入第二批《国家级非物质文化遗产保护名录》。龙须拉面制作，这一山西面食中技术性强的特色手工技艺和表演艺术，将在新时代焕发出传承文脉、走向和谐、造福社会的无比绚丽夺目的光彩。

三、制作流程

（一）制作原料

所需原料：高筋面粉 500 克、纯净水 350 克、白糖 100 克、盐 20 克。

（二）制作流程

第一步，将 100 克白糖倒入纯净水中，将盐倒入纯净水中，将倒入的盐和白糖进行融化。

第二步，当糖、盐、水完全融合后，开始和面。和面时，分三次倒入水。首先倒入 1/2 的水，将面均匀地打成碎糊，再将剩余的水分两次倒入，将面揉成面团。

第三步，将和好的面放入盆中，醒半个小时。

第四步，将醒好的面取出，上下晃动，左右晃动。打到第 10 扣是最佳状态。

第五步，将抻好的龙须面用剪刀剪断。做好的龙须面可用火点燃。

四、成品口味

龙须拉面外观又细又长、形似龙须，且香气扑鼻、柔软顺滑，浇上合适口味的汤汁调味，美味可口。

龙须拉面的主要原料是小麦粉，小麦粉中含有丰富的碳水化合物、纤维素及维生素 E，十分有益于人体健康。

课后习题

1. 在中国农历（　　）龙抬头，有吃龙须面之俗（　　）

A. 二月二　　B. 三月三　　C. 六月六　　D. 九月九

2.（　　）被列入第二批《国家级非物质文化遗产保护名录》，受到了国家的高度重视。

A. 剪刀面　　B. 刀拨面　　C. 龙须拉面　　D. 浑源凉粉

3.（多选题）太原自古就有“锦绣太原城”的美誉，是中国北方军事、文化重镇，（　　）、（　　）、（　　）之一。

A. 世界晋商都会　　B. 中国能源　　C. 重工业基地　　D. 轻工业基地

4. 简述龙须拉面的起源。

5. 简述龙须拉面的成品口味。

知识点2 剔尖——面食中的万人迷

山西面食可谓异彩纷呈，其中剔尖面因其做法简单、易于消化，也在山西人的日常饮食中占有一席之地。

一、地方风物

剔尖又称拨鱼、剔拨股，其中“剔”“拨”是指操作技法，“尖”“鱼儿”是指面的形状，简单来说剔尖就是“用筷子拨出的面条”。剔尖发源于山西运城、晋中等地，原产地为山西省晋中市昔阳县，现流行于晋、内蒙古、陕、冀等地。剔尖与刀削面、拉面、刀拨面合称为山西四大面食，享有盛誉。这四种面食各有特色，工艺精妙绝伦，是山西饮食文化发展的重要标志，并已积淀为山西民众稳固的饮食方式。

在人们的日常生活中，由于剔面工具不同，剔尖的种类也有很多。如用木匙、竹类筷或铁匙、铁尖筷剔制的被称为“剔类”剔尖；用大海碗、竹类筷剔制而成的被称为“便类”剔尖；而用瓷盘、竹类筷剔制而成的则称为“转盘拨尖”等，这些剔尖花样繁多，各具特色。

二、历史渊源

（一）剔面工具的发展

剔尖需要使用特制的工具进行制作，即在特制的铁板（民间称“剔面板子”）上用特制的剔筷来剔。高手剔出的剔尖，呈中间圆、两头尖的形状，有的用特殊技巧还可剔出宽于铁板 2 ~ 3 倍的长剔尖来。其技艺在于面条拨离铁板的一瞬间，用筷头顺势将面拉长，并用筷尾快速拨离铁板。这是面食之乡家庭妇女的一门绝技。

（二）剔尖面的起源与发展

关于剔尖，有一个很有趣的历史故事。据《传统面食》记载，唐贞观年间八百里秦川大旱，李世民急火攻心，魏征荐绵山高僧田善友旨令祈雨，后大雨倾盆解救了庄稼，济助了万民。李世民为报祈雨之恩，带领满朝文武赴绵山还愿，皇妹八姑也随同前往，叩拜五龙圣母为师，不愿再返长安，在绵山诵经修行，为乡民采药医病。

一日，八姑为一患病老妪配药、做饭，和面时软了加面硬了加水，最后还是将面和得稀软，眼看锅中水开，八姑急中生智，随手拿起一块木板将软面团放于板上，用一根筷子试着往开水锅中拨，竟拨出了一根根面条，煮熟盛碗，老妪吃得上口，就问：“孩子，这叫什么？”八姑将“这”误听为“你”字，脱口说：“叫八姑。”老妪误听为“拨股”，从此就有了“拨股”面，就是最早的剔尖。

后来人们将“用筷子拨出的面条”还称为“剔拨股”，榆次、祁县、太原等地民间则把和好的面置于大碗内，用筷子剔拨，面呈鱼肚形，所以又称拨鱼，又因此面条呈两头尖，所以又叫“剔尖”。

另有一故事，相传清乾隆年间，榆次一个名叫常万达的，在恰克图城开设的“四乡联号商行”中的饭庄里，专营山西面食剔尖等，使剔尖一举成名。由于剔尖有着浓郁的地方特色，且制作简便，食之可口，所以剔尖不仅在国内流传甚广，而且传入海外许多国家和地区。

三、食风食俗

据《醋乡特色》一书记载，1958 年太原王毓秀和曾昭致两位师傅，改进了民间拨鱼制作方法，将面浆放在特制的盘子里，右手持一根特制竹筷，剔时左手一边转动盘，右手一边往出剔，提高了出品速度与成品长度。后来此面制法在太原面食界全面普及，成为山西面案师傅的基本功之一。转盘剔尖讲究往盘子里放面浆时，中间要空个洞，周围要沾上水，以便这盘剔完，再放面浆于洞中，周而复始。今天拨鱼还作为山西面食表演一绝，空中飞舞的面食如“鱼逐波涛，鲤跳龙门”，表达着对人们前程似锦的美好祝福。

千百年来，剔尖面的名称在变化、用具在改进、汤料在创新，而传承不变的是它那筷子剔拨手法之绝技，一名剔尖高手，利用特制拨板、铁筷剔出的红面剔拨股，粗细只有 0.5 厘米，半个小时即可供十几个年轻男子同时进餐。剔尖技艺之高，速度之快，令人咋舌。白面剔尖，更是中部家庭妇女的拿手好戏，较红面剔尖速度更快，变化更大。

四、制作流程

（一）制作原料

所需食材：小麦面粉 500 克、水 300 克（和面的水，要遵循冬暖夏凉的原则，冬天用温水和面，夏天则用凉水和面）。

所需工具：一只凹肚形盘，一根竹制剔尖筷。

（二）制作流程

第一步，和面：将面倒入盆内，分三次加水打起穗子，用拳头反复搓，直至面柔软光滑，软硬合适。

第二步，将和好的面团用湿布盖上或放置在密封的容器中，在 15~25℃的环境下饧 20 分钟。

第三步，将和好的面团放入凹肚形盘中，蘸油拍光，挤满盘沿。

第四步，左手托盘，徐徐旋转，右手拿一根竹筷拨面，拨出面标准，两头尖，三寸长，呈鱼肚形。

第五步，将面捞出，浇卤汤即可。

五、成品口味

剔尖的制作方便快捷，口感香滑筋道，筋软爽口，易于消化，广受大众青睐，是山西面食中极具代表性的一种。剔尖的浇头多种多样，常见的浇头有小炒肉卤、鸡蛋西红柿卤、白菜臊子、酸菜臊子等，浇上各色的“浇头”，再配以调味佐料，吃起来又香又滑十分可口，撒上香菜、香葱，再配上黄瓜丝，更加诱人。除了常见的打卤吃法之外，还可以炒制食用。

剔尖两端细长，中间部分稍宽厚，呈头尖肚圆面形。外形白细光滑，口感软而有筋，容易消化。而剔尖中所配的丰富的菜卤也能补充维生素，清淡鲜美的蛋白质荤卤搭配，不仅均衡了人们的日常饮食营养，还能带来不同的味道口感。

一般秋季多食剔尖，燥是秋天的主气，“秋燥”之气最容易伤肺，在渐渐凉爽的初秋吃一碗原汤化原食的剔尖，更是能养胃、防秋燥。而剔尖面本身的口感非常爽滑而且易于消化，有健脾开胃之作用。

剔尖主要是由小麦面、豆面和高粱面制成，可单独一种面粉使用，也可混合使用，做二合面或三合面，风味也很别致。

豆面通常是指用两种以上的豆子磨成的面粉，俗称杂面。西北一带的豆面一般指用豌豆磨成的面粉，也有把莜麦与豌豆按一定比例混合后磨成面粉。豆面低糖低脂，含有丰富的蛋白质、维生素和人体必需的氨基酸。

高粱面是用高粱磨成的粉，有天然营养食品的美誉，含淀粉 65.9%~77.4%、蛋白质 8.4%~14.5%、粗脂 2.4%~10.4%。经常食用高粱面，对人体健康有益，特别是患有高血压、高血脂、糖尿病等的人经常食用高粱面能起到一定辅助医疗的作用。

将合适比例的粗粮面与白面混合进行制作，既能保证剔尖面的营养，也能凸显剔尖面的口感。

课后习题

1. 根据面食的形状和制作工艺，外形似鱼肚的是（　　）。

A. 大同刀削面　B. 剔尖　C. 擦尖　D. 刀拨面

2. 剔尖面和面制作中水、面的比例有所要求，面水比是（　　）。

A. 10 : 7　B. 5 : 3　C. 2 : 1　D. 5 : 2

3. （多选题）被誉为山西四大面食有（　　）。

A. 剔尖　B. 刀削面　C. 拉面　D. 刀拨面

4. 请简单陈述制作剔尖面使用的工具和制作技巧。

5. 请简单陈述剔尖面的营养功效。

知识点3 猫耳朵——一推一捻总关情

一、地方风物

猫耳朵是山西晋中、晋北等地的一种传统风味面食，俗称"碾疙瘩""碾饦饦"等。它吃起来筋滑利口，制作简便，适宜用多种面粉或浇头制作，备受群众欢迎。在晋中一带，人们用白面、高粱面制作；在雁北、忻县高寒地区，人们更偏爱用莜面、荞面制作，取名"碾疙瘩"，还名"碾饦饦"。尤其因莜面制作柔软，还能碾推成花纹、触须等式样，更使这种面食形象多姿多彩。

猫耳朵历史悠久，与北魏《齐民要术》中讲到的"馎饦"形似，其制形如猫耳、小巧玲珑，且筋滑利口，是久传不衰的大众面食佳品。

二、历史渊源

猫耳朵面最早记载于《中国历代御膳大观》一书，书中提到"圪（ge）搓面"本是为祭雁而制，元代骑马射猎者却奉为获猎之吉食，称为"马乞"。山西太原亦将圪搓面称为"麻食"，是"马乞"谐音世传之故。可见，猫耳朵在元代就开始流行发展了。

到了明清时期，圪搓面已在山西民间普遍食用，并传播到陕冀鲁豫乃至江南一带。据《名食掌故》一书中记载，相传乾隆下江南时曾食之夸赞，因其形似猫耳，呼为"猫耳朵"。

据说有一天，乾隆扮成客商和内侍来到"柳浪闻莺"，雇了一只小船。忽然船儿摇晃起来。风儿一阵紧似一阵，太阳也被乌云遮住。船家知道就要下雨了，忙安排客官进了舱内。这时，狂风骤雨已铺天盖地而来。舱里的乾隆又冷又饿，便叫内侍找船家做碗热面充饥。船家小女孩走到后舱，便忙活开了。她先从盆里抓来一些活蹦乱跳的大虾，剪头去尾下了汤锅，又和好面，再用手指巧妙地一个一个地捻成卷起来的薄面片儿……制成了一碗面疙瘩，再往上撒些葱姜、料酒和盐面，以及干虾子和胡椒粉，便端了出来。

这位皇上顾不得其他，径自美美地享用起来，乾隆询问美食的做法和名称，小女孩一时被问住了。她本来就没有什么名称，但看着客官好奇，便想了起来。忽然间她的目光正好落在小花猫耳朵上，便说道："就叫'猫耳朵'呀！"乾隆夸赞道："这名称好听，叫'猫耳朵'好。"

许多年以后，西湖船家小女孩已成湖畔点心铺子的老板娘。夫妇俩在铺子门脸上挂出"御用名点猫耳朵"的醒目招牌招徕顾客，轰动了杭城内外，前来品尝"猫耳朵"的客人络绎不绝。后来"知味观"成了独家经营"猫耳朵"的名店，打的也是这个招牌。

经过日久天长的变革后，猫耳朵从原来的民间吃食，慢慢走向全国，走向世界。因其筋滑爽口，别有风味，一些宾馆、饭店的厨师，把它推荐给外宾，许多贵宾食后赞不绝口。

三、食风食俗

猫耳朵是把面和软后，搓成大拇指的条子，再压成蚕豆大的小块，然后用拇指、食指捏着一转，便被卷成像猫的耳朵一样。在开水里煮熟它，捞起来再配作料大火一炒，耳卷里吸存着汤汁，味道饱和，吃起来十分鲜美。配料各随其便，一般人家爱用韭菜肉丝和虾米，讲究的人家用虾仁、蟹肉、冬菇、火腿这些食材。

后来到了中华人民共和国成立后，老舍先生在北京晋阳饭庄品尝到此面，并写诗赞曰："驼峰熊掌岂堪夸，猫耳拨鱼实且华。"

而猫耳朵不仅传遍祖国大地，也传出了海外，在意大利菜肴中有一种做成贝壳形的通心粉，相传就是马可·波罗从中国学会了捏猫耳朵，回去以后仿制的，后来便由机器生产了。

四、制作流程

（一）制作原料

所需食材：小麦面粉 500 克、水 250 克（和面的水，要遵循冬暖夏凉的原则，冬天用温水和面，夏天则用凉水和面）。

（二）制作流程

第一步，和面：将面倒入盆内，加水打起穗子，用拳头反复搓，直至面柔软光滑，软硬合适，醒面 20 分钟。

第二步，将醒好的面团擀成 3~4 厘米厚的面片，用刀切成 3~4 厘米宽的面条，再将面条切成中指指甲盖大小的面丁即可。

第三步，将切好的小面块用大拇指在案板上捻成猫耳朵的形状。

第四步，放入锅内煮熟，捞出装碗。浇上卤汤，加入配菜即可。

五、成品口味

猫耳朵面如其名，其制形如猫耳，小巧玲珑，且筋滑利口，是久传不衰的大众面食佳品。猫耳朵做法多样，除了煮制以外，可焖、可蒸、可炒。而与其搭配的臊子，可荤可素。常见的浇头有小炒肉卤、鸡蛋西红柿卤、白菜臊子、酸菜臊子等，浇上各色的"浇头"，再配以葱花，口感十分丰富。

猫耳朵主要是由小麦面、荞面和莜面制成，可单独一种面粉使用，也可混合使用。或将蔬菜汁加入小麦粉中，制作多彩猫耳朵面，色彩鲜艳，十分可口。

其中荞麦面含有丰富的蛋白质、B族维生素、矿物营养素等，长期食用有降低胆固醇、血脂和血糖的作用。而莜面中富含钙、磷、铁、核黄素、亚油酸等营养元素，长期食用可以预防糖尿病、冠心病、高血压等多种疾病。

课后习题

1. 根据记载，猫耳朵在以下哪个朝代就开始流行发展？（　　）

A. 宋代　　B. 元代　　C. 明代　　D. 清朝

2. 猫耳朵面和面制作中水、面的比例有所要求，面水比是（　　）。

A. 10 : 7　　B. 5 : 3　　C. 2 : 1　　D. 5 : 2

3. （多选题）猫耳朵做法多样，除了煮制以外，还可用以下（　　）做法。

A. 焖制　　B. 蒸制　　C. 炒制　　D. 煎制

4. 请简述意大利贝壳形的通心粉和猫耳朵面的关联和渊源。

5. 请简单陈述猫耳朵的成品口味。

知识点4　抿尖——晋中风味农家面

一、地方风物

一方面食养育了一方百姓，也孕育了属于这个地域特殊的文化与底蕴。山西面食，就像山西人的历史一样久远，在面朝黄土背朝天的岁月里逐渐沉淀下来，形成了一方特色的美食文化。山西面食极富民间特色。正宗的山西面食不在古香古色、装修典雅的面馆里，而在家家户户老百姓的餐桌上。

提到面，大部分人想到的是拉面、扯面、刀削面，稍微懂行一点的或许知道饸饹，但是说到“抿尖”，都会感到陌生吧。抿尖也叫“抿蝌蚪”，为什么要用“蝌蚪”来形容这道面食呢？来看一下抿尖，它们像不像一只只“小蝌蚪”在水中遨游呢？抿尖的“抿”字表示这种面食的制作手法，而“尖”则是指此种面食出锅后的形状。制作这种形状奇特的面食需要使用一种特殊的工具——抿床。为了制作美味可口的面食，睿智的山西人可谓绞尽脑汁，单是面食加工工具就不胜枚举。

二、历史渊源

民国刘文炳所著的《徐沟民俗志》记载，当时太原郊县的面食中有“面用网抿丝者曰抿尖”。这里的“网”指的就是抿尖拍子，通常还需要将之安装在床架上进行制作。抿床，通常呈井字形，中间开长形口，口上放置抿尖拍子。抿尖拍子为铁制或铜制，呈凹形，面上开密密麻麻排列整齐的小孔眼，四边缘凸起，嵌在床架上，上下须严丝合缝，否则不能操作。

山西是“小杂粮王国”，适量食用杂粮对人体有很多好处。《黄帝内经》有云“毒药攻邪，五谷为养，五果为助，五畜为益，五菜为充。气未合而服之，以补精益气。”如今，越来越多的人为了身材苗条而不吃主食，这可是舍本逐末。五谷是最主要的食物，用来充养五脏之气。我们所食入的五谷，都是一颗颗种子，都是保留遗传信息最丰富的部分，是足以成长为一棵植物的能量。中医讲求“以形补形”，因此植物的种子最能滋养人体的脏器。

抿尖主要是由豆面、玉米面和高粱面混合制成的。豆面是用两种以上豆子磨成的面粉，俗称杂面。晋西北一带的豆面一般指用豌豆磨成的面粉，也有把莜麦与豌豆按一定比例混合然后磨成面粉。豆面低糖低脂，含有丰富的蛋白质和维生素；玉米面的营养价值也很高，特别是鲜玉米，在它的胚芽中含有大量天然维生素 E，具有延缓人体衰老的作用，它还含有维生素 A，对保护视力大有裨益。这些种子磨出的面粉既能够补精益气，又能够达到减肥健身的效果，可谓一举两得。

三、食风食俗

制作抿尖前，需将白面与以上提到的杂粮面按照一定比例混合，加水和成软糊状，究竟是怎样的比例，全靠家庭主妇们日积月累的“心法”。豆面过多会影响面食成型，一锅抿尖就很可能成了面糊；而白面过多，则失去了食用杂粮的意义，影响了杂粮面食的营养和口感。

制作时，先把抿床搭在锅沿上，然后用铁勺挑面糊放在抿尖床上。一手按床架，一手拿抿拐把糊状豆面抿到沸水锅里。抿尖有干捞、汤喝、凉拌几种。真正做好抿尖，单靠抿是不够的，抿尖所浇的臊子也极为关键。与抿尖搭配的臊子，可荤可素。资深的食客都知道，抿尖重在喝汤和吃“臊”。臊子通常有西红柿鸡蛋、过油肉和炸酱，吃时可佐以韭黄、芝麻、辣酱、香菜等，其味清淡可口，带一股豆香。在晋中还有这样一种说法，叫“黄菜豆腐抿圪斗，入贴如和又顺流”，这里说的黄菜豆腐指的就是晋中抿尖中最具地方特色的臊子。

除了把抿尖当主饭之外，平定人还喜欢把它做成汤面，俗称“一混锅”，一般是在早晨或者晚上吃，特别是在农村，赶上农忙的时候，人们劳累了一天，回到家中会习惯做一锅抿尖汤解乏。抿尖营养丰富，色泽鲜亮，食欲性强，冬季食之驱寒增热，夏季食之避暑降温，尤其是其形状独特，入口稍加咀嚼便如蝌蚪游入胃海，增加胃动力，是养生的最佳饭食。

山西面食，一推一捻，一抿一剔，就这样，在老百姓油盐酱醋的平常日子里，在岁月滚滚长河中逐渐地沉淀，形成了一方特色。谈起山西面食，其实已经超越了它自身的意义和味道，它更代表了一方色彩，一方习俗，更承载了一方百姓对美满日子的追求与向往，承载了属于这片黄土地深深的文化内涵。

四、制作流程

（一）制作原料

所需原料：玉米面 200 克、红面 200 克、豆面 200 克、水 360 克。

制作工具：擦床。

（二）制作流程

第一步，将 200 克豆面倒入盆中，加入 120 水，搅拌均匀和成豆面面团。玉米面 200 克倒入盆中，加入 120 克水，搅拌均匀和成玉米面面团。红面 200 克倒入盆中，加入 120 克水，搅拌均匀和成红面面团。

第二步，把和好的三色面团放在盘子里，把抿床放在装有沸水的锅上，以豆面为例，用抿锄挎上一块豆面团放在抿床上，用力向前抿，豆面顺着抿床的小孔掉落在锅中，煮熟即可捞出。

第三步，煮好的三色抿尖，盛在碗里配上辣酱卤、小炒肉卤、西红柿鸡蛋卤、炸酱卤，另加四样小菜分别为豆芽、香菜末、黄瓜丝、胡萝卜丝，即可食用。

五、成品口味

抿尖的主要特点是面杂多样，营养丰富，色泽鲜亮，食欲性强，冬季食之驱寒增热，夏季食之避暑降温，尤其是其形状独特，入口稍加咀嚼便如蝌蚪游入胃海，并能促进胃蠕动，增加胃动力，是养生的最佳饭食。

抿尖主要是由豆面、玉米面和高粱面混合制成。

豆面是用两种以上的豆子磨成的面粉，俗称杂面。西北一带的豆面一般指用豌豆磨成的面粉，也有把莜麦与豌豆按一定比例混合然后磨成面粉。豆面低糖低脂，含有丰富的蛋白质、维生素和人体必需的氨基酸。

玉米面具有多种营养物质，科学家们对它给予很高的评价，特别是鲜玉米，在它的胚芽中含有大量天然维生素 E，具有延缓人体衰老的作用，还含有维生素 A，可以起到保护视力的作用，多吃玉米可以起到减少心脏病、糖尿病、脑出血、癌症发生的作用。

高粱面是用高粱磨成的粉，有天然营养食品的美誉，含淀粉 65.9%~77.4%，蛋白质 8.4%~14.5%，粗脂 2.4%~10.4%。经常食用高粱面，对人体健康有益，特别是患有高血压、高血脂、糖尿病等的人经常食用高粱面能起到一定辅助医疗的作用。

课后习题

1.（　　）地处山西中部，汾河中游，四季分明，土质肥厚，灌溉便利，素为发达的农业区，自古以来形成了深厚的农耕文明积淀。

A. 大同　　B. 晋中　　C. 朔州　　D. 晋城

2. 抿尖床架为木制，呈（　　）字形，中间开长形口，口上放置抿尖拍子。

A. “田”　　B. “井”　　C. “丁”　　D. “口”

3. 抿尖的“抿”字表示此种面食的（　　），“尖”则是指此种面食出锅后的形状。

A. 加工工具　　B. 制法　　C. 原料　　D. 口味

4. 民国刘文炳的《徐沟民俗志》记载，当时太原郊县的面食中有“面用（　　）抿丝者曰抿尖”。

A. 笊篱　　B. 勺　　C. 网　　D. 铲

5. 简述豆面抿尖的制作流程。

知识点5　榆次老城鱼羊包——鲜鱼嫩羊加老汤

民间流行着这样一个字谜：“半边有毛半边光，半边美味半边香，半边上山吃青草，半边就在水中藏。”这个谜语的谜底就是鲜，鱼羊鲜的鲜字。古人造字时已向我们昭示：鱼 + 羊 = 鲜。一个“鲜”字，道出鱼、羊，乃世间美味。

一、地方风物

榆次老城位于山西省晋中市的榆次区，是582年在古城的旧址上修筑而来的，到今天已经有1400多年的历史了。榆次老城的建筑风格形似鲤鱼，所以在古时被称作“鱼城”。1916年孔祥熙在榆次老城创办了祥记公司，祥者，羊也。于是，榆次老城为鱼，祥记公司为羊，“鱼羊包”就在榆次老城祥记公司的旧址上诞生了。

二、历史渊源

早在3000多年前，我们的祖先就已经开始了“养鱼为食”的活动，并且把鱼与龙同奉为至尊，称为“鱼龙供养”。到了唐宋，鱼肴不仅被列为“八珍”，还被誉为“一品上位”。由此，鱼的地位可见一斑。

中国人食用羊肉的历史也能追溯到很久以前。在西周时期，吃羊肉是一种尊贵的身份象征，甚至只有特定的贵族才能吃到羊肉。但是到了汉代，羊肉开始普及，并开始腌制羊肉，制作方法日益精湛。

“鱼羊包”始创于1866年，寿阳名厨王大财跟随三代帝王师祁隽藻司厨行走大江南北，他们在吸收和掌握南北菜品的同时，还非常注重对养生食品的研究。有一年祁隽藻的母亲因年老体弱，虽服用很多滋补药品身体仍不见好转，而且常常厌食，作为家厨的王大财根据祁母喜食包子、饺子的特点，用鱼肉和羊肉制作了养生膳食“鱼羊包”“鱼羊饺”为祁母补养，经过一段时间的调养祁母的身体得以恢复。祁隽藻大喜，提名一个“鲜”字，鱼羊包就此得名。于是，这个鲜美又滋补的鱼羊包就在王大财的家族中传承下来，直到现在已经传递到第五代传承人王同云的手上。

“鱼羊包”传承人王同云在继承祖方的基础上潜心研究解决了“鱼肉”有腥味，“羊肉”有膻味的技术难题，使鱼、羊肉馅通过渗汁增养产生了一种“灵味”，这种“灵味”就是“鲜”，所以今天我们才能品尝到如此鲜美的包子。

三、食风食俗

鱼羊包的吃法，总结起来有五个要点：

一是轻轻提，慢慢移。即拿筷子和调羹配合，轻轻移动鱼羊包。

二是开天窗。在鱼羊包的边上咬个小口。

三是先吸汁。在咬开的小口上慢慢吸取包子中的汤汁。

四是吃陷皮。吸完汤汁之后，再食用鱼羊包的馅和皮。

五是香无比。在食用过后，不禁回味，是鲜，是美，还是香？唇齿留香，回味良久。

品尝“鱼羊包”，鲜美的味道无法言喻，最好的解析，也就是那个只可意会不可言传的字——“鲜”。“鱼”谐音“余”，合年年有余；“羊”意示“祥”，寓吉祥如意；鱼羊包，恰是对人们连年有余、吉祥如意的祝愿。品尝鱼羊包，尝的不仅是它的味道，品的更是幸福吉祥的美好寓意。

四、制作流程

（一）制作原料

所需原料：新鲜野生鱼、优质羊肉、高汤、各种调味料、面粉、酵水。

（二）制作流程

第一步，将鱼肉切片，剁碎，直至鱼肉成泥。

第二步，将羊肉切片，剁碎，精制成泥。

第三步，用鱼头、羊骨、胡萝卜、辣椒、大葱、香菜等熬制高汤。

第四步，选好的精粉用提前准备好的酵水和匀，盖笼布放置一旁醒发。

第五步，调馅，此步骤是制作鱼羊包的关键，首先把鱼羊肉混合，再加入调料、高汤，顺一个方向搅拌，直至将高汤充分融入鱼羊肉中，搅打上劲。

第六步，将饧发好的面团再次揉匀，然后搓成长条，分成大小相同的小剂子，再用擀面杖擀开，就可以包馅了。

第七步，将制好的馅料包入包子皮中，皮薄馅嫩的鱼羊包就做好了。鱼羊包不仅好吃，且形状多样，十分美观。

五、成品口味

榆次老城的鱼羊包馅香味浓，松软的面皮加上滑嫩的肉馅，真是让人直流口水。鱼羊包的外观胖乎乎的，但一点也不影响口感，一口咽下去，唇齿留香，让人久久回味。

吃鱼可补肾养肝、温脾助胃、健脑明目、降血脂、降胆固醇，是预防心脑血管疾病的最佳选择。吃羊肉能益阳散寒，益肾气，补精血，健脾胃，保肝安神，是身虚体弱的滋补上品。二者配伍，相得益彰，保健功能大增强。

课后习题

1.（多选题）“鱼羊包”是用（　　）混合肉馅制成的面食。

A. 牛肉　　B. 鱼肉　　C. 猪肉　　D. 羊肉

2. 鱼羊包始创于（　　）。

A. 唐贞观年间　　B. 清道光年间　　C. 北宋年间　　D. 南宋年间

3. 鱼羊包在面团的制作中需要用到原料：面粉和（　　）。

A. 酵母　　B. 泡打粉　　C. 塔塔粉　　D. 面包改良剂

4. 简述“鱼羊包”名字的由来。

5. 简述“鱼羊包”的制作流程。

知识点6　柳林碗团——小吃界的“一方霸主”

一、地方风物

柳林县位于山西省中西部，黄河东岸，东面与离石区、中阳县相邻，南面与石楼县相邻，北面与临县相邻，西面临黄河与陕西省吴堡县、绥德县相邻。柳林县属西北黄土高原的丘陵沟壑区，其海拔随基岩的倾斜方向由东向西递减。

由于古生代的海拔变迁和中生代燕山运动，吕梁山构造隆起，岩层西倾，黄河河道下切，东北高，西南低。而覆盖在各种地貌上的第四纪黄土层，久经风雨流水的侵蚀，被逐渐切割成沟壑纵横、山丘交错、支离破碎的复杂地貌。

二、历史渊源

碗团最有名的就是柳林碗团，碗团又被称为碗托、碗秃儿、生粉、荞粉等。碗团中的碗是圆的，团是团圆的意思，碗团象征着团团圆圆，美满与幸福。

碗团是柳林特产，离石、中阳等地都有，但不如柳林正宗。柳林碗团在民间还有一段故事。西晋建立后，战乱频繁，给人民带来了深重的灾难。西晋初年，匈奴人内迁，但遭到统治者的残酷剥削和压迫，西晋统治者不但要他们纳税，而且强迫他们当兵，甚至掠夺为奴婢，不少人陷入破产的境地，沦为流民，迫使各族人民奋起抗争、眼看西晋统治阶级欲坠，匈奴贵族刘渊利用各族人民对西晋的怨恨，打起了反晋的旗号，为顺应民心，从离石派大将石勒统领三军发兵进攻西晋都城洛阳，营地扎在柳林三郎堡，石勒当过农民，参加过农民起义，因此对下层人民十分了解与同情。石勒来柳林后，治军严谨士兵秋毫无犯，深受当地群众的欢迎，由于当时战乱频繁，加之自然灾害严重，当地群众苦不堪言，石勒的军粮眼看着成了大问题，石勒派出士兵四处购买军粮，但购得数量甚少且也只不过是些荞麦，从前士兵吃饭干稀配合，由于军粮紧缺，就把干饭改稀饭，把荞麦磨碎后熬粥喝。有一次几个士兵外出，误了饭时，回来后，荞面粥已凝结成块，用手压压，干硬干硬的，几个士兵就把碗内的凉荞面用手扒了下来，抓而食之，吃起来口感很好，于是有个士兵提议切块吃，他们就把荞面切成条，随便撒了些盐大吃起来，感觉不错，他们又把凉荞面切成长条，撒了一些调料，并调以枣醋、蒜泥，给石勒端去。石勒吃后大加赞赏，并让厨房试做，次日厨房做好，让大家饱餐了一顿，士兵们吃后精神大振，当地百姓闻讯后去军营观看，士兵们就让百姓品尝，百姓尝后甚感新奇，就模仿着去做，从此碗团就在当地传开了。

碗团是荞麦制品，营养丰富，食用简便，口感极佳，是驰名秦晋的一种物美价廉的风味小吃，因其用小碗蒸，熟后晾凉，可以从碗中脱下，故而得名。

三、食风食俗

碗团从最初的于锅内熬煮，碗内盛放，晾凉即食，后来发展到后来的以小碗盛面糊，上笼蒸熟晾凉而食之，外国传教士来柳林后把西方刀叉扎的习惯传到柳林，碗团吃时也由原来的筷子夹变为用刀扎。

四、制作流程

（一）制作原料

所需原料：荞面 500 克、姜粉 1 克、花椒粉 1 克、水 2000 克、蒜泥适量、辣椒油适量、盐 3 克、醋适量。

（二）制作流程

第一步，荞面加盐、姜粉、花椒粉，拌匀。

第二步，加入水 200 克和成硬面团，饧面 20 分钟。

第三步，把 1800 克水分次加入面中，每次都调匀后再加水，把面调成稀糊状，以面糊挂勺为佳。

第四步，面糊入碗前，先将碗置锅内蒸热，抹布擦去碗内汽水，将面糊舀入碗内，每碗只装八成，上笼屉加盖以武火蒸制，20 分钟即可。

第五步，趁热取碗出锅，晾凉后就碗切条，加入蒜泥、辣椒油、醋、盐后，即可食用。

五、成品口味

柳林碗团一般置于阔口浅底碗里，做好的碗团是一层银圆薄厚略发乌色的面结晶。

成品入口咬嚼，柔韧、滑腻、筋道、香辣，霎时间酸甜咸辣味溢满口腔，细品，似乎还有点苦味。

柳林碗团的主要原料是荞面。荞面荞麦的营养成分主要是丰富的蛋白质、B 族维生素、芦丁类强化血管物质、矿物营养素、丰富的植物纤维素等。另外，荞麦中所含的植物纤维是日常米、面的八倍之多，具有良好的预防便秘作用，经常食用对预防大肠癌和肥胖症有益。

课后习题

1. 柳林县位于山西省的（　　）地区。

A. 吕梁　　B. 临汾　　C. 晋中　　D. 晋城

2. 相传柳林碗团是（　　）将军的士兵无意中研究出来的美食。

A. 薛仁贵　　B. 石勒　　C. 李广　　D. 霍去病

3. 制作柳林碗团时盛装碗团的工具是（　　）。

A. 细瓷碗　　B. 粗瓷碗　　C. 细瓷盘子　　D. 粗瓷盘子

4.（多选题）制作柳林碗团的主料有（　　）。

A. 水　　B. 荞面　　C. 白糖　　D. 莜面

5. 简述柳林碗团的制作流程。

知识点7 刀拨面——骏马奔腾蹄声疾

一、地方风物

刀拨面与刀削面、拉面、剔尖并称为山西四大面食。刀拨面就是大家熟知的手擀面，但又与手擀面的做法不同。刀拨面的口感比手擀面更好，同刀削面不相上下，面条呈三棱形，粗细均匀，长短一致，筋道滑爽。刀拨面在山西面食中是出面速度最快的，最快时刀碰面板，仿佛万马奔腾一般，颇有气势，面条随刀而出如银燕出巢、鱼贯而入。优秀的面点师一分钟内可拨面 199 刀，出条 994 根，重量 8.8 千克。

有词作形象贴切地描绘了面点师制作刀拨面的情形："拥云堆雪、卷玉脂长条，轻扑粉、叠数遭，横掘刀、躬虚腰，一声令下、地动山摇，刀声咚咚千浪翻，手影闪闪白帘。"

刀拨面于 2009 年由太原市新开源酒店餐饮有限公司申报、同年被列入山西省第二批省级非遗名录。

二、历史渊源

在唐成立之前的隋末，二王子李世民带着瓦岗寨的兄弟们来争夺天下，他有个妹妹嫁给了一个将军，这个将军叫作长孙无忌。长孙无忌的夫人，也就是李世民的表妹心灵手巧，善于女工，在家里特别喜欢针织，已经到了痴迷的程度。有一天兄弟们打完仗回来，没有准备足够的饭菜。长孙无忌的夫人赶紧下了厨房，用厨房里的菜刀随便切一切，剁一剁，在慌乱之中就做出了刀拨面。后来经过几次改良，把最初单把的刀变成双把的刀。

三、食风食俗

刀拨面是山西一绝。拨面用的刀是特制的，长约 60 厘米，两端都有柄，刀刃是平的，呈直线，不能带"鼓肚"。每把刀约 2.5 千克重。用这种刀拨出的面十分整齐，粗细一致，断面成小三棱形，每根长半米有余。1964 年山西省技术比武会上，新道街面食馆的胡乃花师傅，每分钟可拨 106 刀，出面条 630 根，5 千克以上面团瞬间即完，条条散离，不粘连。制作速度之快，似闪电一样，令围观者眼花缭乱，无不赞扬。

山西人制作面食时，不仅在味道上下功夫，制作面食的工具也非常独特，刀拨面是山西一绝，也是当地的传统特色美食。

拨面用的刀是特制的，长约 60 厘米，两端都有柄，刀刃是平的，呈直线，每把刀重量在五斤左右，用这种刀拨出的面十分整齐，粗细一致，断面呈小三棱形，每个面长 50 厘米左右，刀拨面也是山西四大面食之一，它要用一个双把的大铁刀，两手持刀，把面放在案板上，连切带拨，多少人吃饭它能供得上，速度相当快。

刀拨面是晋南晋中一带人们普遍食用的一种面食，拨面时双手持刀，将擀好的面片一刀接一刀地连贯拨出速度极快，刀与案板的碰撞犹如骏马奔腾，噔噔作响。

四、制作流程

第一步，和面。准备2000克面粉和900克水，将水分三次倒入面中，朝一个方向搅拌面粉。将和好的面盆上盖上保鲜膜，饧20分钟。

第二步，擀面。将和好的面团用力揉。双手握住擀面杖压面，将面压成面饼。再用擀面杖将面饼擀薄。

第三步，将面擀成很薄的面饼，切开。将面粉撒到面饼上。

第四步，将擀好的面分成6层。双手持刀，开始拨面。

第五步，拨好的面长短一致，粗细均匀。将面在锅中煮2分钟，浇上卤汁，即可食用。

五、成品口味

刀拨面制成的面条结面三棱形，是由厨师刀的方向决定的，厨师刀不是90度垂直方向，用这种刀拨出的面十分整齐，粗细一致，条条散离不粘连，每个面长可达50厘米以上，技巧熟练的拨面师每分钟可出刀100多次，出面条600多次，其刀功可见一斑，煮熟的刀拨面根根分明，浇上合适口味的卤汁调味，入口滑嫩筋道，美味可口。

刀拨面的面条呈三棱形，吃着筋滑利口。吃时可配各种荤素浇头或打卤，吃汤面亦可。

刀拨面的主要制作原料为小麦粉。小麦粉中含有丰富的碳水化合物、纤维素及维生素E。

课后习题

1. 拨面用的刀是特制的，长约60厘米，（　　）有柄。

A. 两端　　B. 左边　　C. 右边　　D. 上边

2. 用这种刀拨出的面十分整齐，粗细一致，断面成（　　），每根长半米有余。

A. 小长方形　　B. 小三角形　　C. 小三棱形　　D. 小月牙形

3. 做刀拨面开始拨面时，双手执刀，一刀一刀往前拨出面条，拨面时刀与面的角度约成（　　）度。

A. 30　　B. 40　　C. 50　　D. 60

4. 刀拨面（　　）年被列入山西省第二批省级非遗名录。

A. 2009　　B. 2008　　C. 2010　　D. 2010

5.（多选题）刀拨面被誉为山西四大面食之一，（　　）地区人民普遍食用。

A. 运城　　B. 晋中　　C. 晋南　　D. 晋北

知识点8　擦尖儿——姥姥的呼唤

一、地方风物

晋中市位于山西省中部偏东，东依太行山，西傍汾河水，气候四季分明，土质肥厚，灌溉便利，自然条件比较优越，素为发达的农业区，自古以来形成了深厚的农耕文明积淀。山地、平川和丘陵等地形皆备，东部山地岭高坡广、林木丰茂，动植物和矿产资源丰富，加之独特的土壤和气候类型为晋中文化生态的形成与发展提供了必要条件。

擦尖也叫“擦蝌蚪”“擦面蝌蚪”，是山西久负盛名的传统面食，常见于晋中一带，平遥擦蝌蚪相对来说比较有名气。山西擦蝌蚪始创于宋代，兴盛于清朝。

据《中华饮食文库 · 中国面点史》记载：“蝌蚪”形食品在宋代《岁时广记》《东京梦华录》中已有描述。而清代《乡言解颐》（卷四）中有“蝌蚪子”：“麦、菽二屑各半，和面，用木床擦入沸汤中，熟而捞出，拌卤食之……蝌蚪子者，象形也。此山西后人食法，又曰格豆子，则音之伪也。”该资料虽然讲的是山西名食“蝌蚪子”，用料与宋代不同，但其制法应是相同的。由此可推断山西擦蝌蚪始创于宋代，兴盛于清朝。

二、历史渊源

（一）擦尖工具的发展

制作擦蝌蚪要用特制的工具。就是能体现山西百姓智慧的特殊工具——擦床。擦床有大小之分，大的长度有 1.2 米左右，小的只有 0.5 米左右。擦床床架是木制且呈井字形，中间开长形口，口上放置擦尖拍子。擦尖拍子为铁制或者铜制，呈凸形，岫面上开密密麻麻、整整齐齐的小孔眼，孔呈扁圆形如月牙，多如鱼鳞。四边缘凸起，嵌在床架上，上下需严丝缝合，否则不能操作。

“擦蝌蚪”因用擦子擦出的面在沸腾的锅中上下翻腾，犹如蝌蚪在池中嬉戏而得名，是山西面食制品又一个独特的存在。这种面食制法简单，操作方便。

（二）擦尖的起源与发展

关于擦尖，至今在山西民间流传着一个生动有趣的故事。在很早以前，有一大户人家，娶进一房新媳妇，过门五天要下厨房做饭，公婆想验一下新媳妇的做饭手艺，便想了个办法。

公婆对新媳妇说："今天中午全家都吃三合面饸饹，你给老太爷另做一碗面条，因他年近百岁，牙齿也不好，不能吃硬的、长的、宽的、大的面条。"

这一下难住了新媳妇，她想，老太爷只想吃软的、小的、短的、窄的，可这样的面条母亲没有教过我，我也没有见过。就在她边走边想时，发现庭院有一只大鱼缸，缸里养着很多小金鱼和小青蛙，还有很多小蝌蚪。

新媳妇看罢灵机一动，计上心来。她进厨房和好面，取了一块面疙瘩往锅里擦，煮熟后捞入碗里浇点豆腐卤汁送给老太爷吃。老太爷边吃边问："这是什么饭？又小、又短、又滑、又软，不嚼而化，真好吃！"

新媳妇说："叫擦蝌蚪，是专为你老人家做的。"后来三天两头老太爷要吃新媳妇做的"擦蝌蚪"。日久天长后，这蝌蚪形面食传遍了上党大地，成了粗粮细做的面食精品。

三、制作流程

（一）制作原料

所需食材：小麦粉 150 克，高粱粉 150 克，温水 300 克，土豆 1 个。

所需工具：擦床。

（二）制作流程

第一步，和面：将 150 克面粉，150 克高粱粉，300 克温水倒入盆内均匀地搅拌起来，直至面柔软光滑，软硬适中。

第二步，将面团盖上湿布，醒发 20 分钟。

第三步，左手按擦床架，右手握面团，用手掌心推压把面团一点点擦到沸水锅里，随后将土豆擦入锅中。

第四步，煮熟后，捞出装碗。浇卤汤，加入调料即可。

四、成品口味

擦尖状如蝌蚪，制法简单，操作方便。制作过程中，小麦粉中掺入高粱面，粗粮与细粮搭配，使其营养丰富、色泽鲜亮、食欲性强。制作红面擦尖的高粱粉与小麦粉的比例最大为 1∶1，因为高粱粉没有筋性，量太多的话面条不成型。如果喜欢口感细一点，可以适当减少高粱粉的用量，增加小麦粉的用量。

擦尖的浇头多种多样，常见的浇头有肉臊子、西红柿鸡蛋臊子、土豆香菇臊子等。做好的擦蝌蚪配以各种荤素浇头、调和用。西红柿鸡蛋酱和肉酱是山西人经典的调味料组合，番茄鸡蛋酱的酸香、肉酱的鲜香，加上爽滑的面条，咀嚼于口中，内虚外筋，口感爽口，鲜美无比。再浇上各色浇头、香葱、香菜，味道更加丰富。

擦尖制作所用的原料广泛，可以是纯小麦粉，也可以是小麦粉中掺入玉米面、高粱面，或豆面、榆皮面等各种杂粮粉。粗粮细粮搭配，使其营养丰富，色泽鲜亮，食欲性强，夏季食之避暑降温，冬季食之驱寒增热。尤其是其形状独特，入口稍加咀嚼便如蝌蚪游入胃海，口味清淡，易于消化吸收，并能促进胃蠕动，增加胃动力，是养生的最佳饭食，尤其适合老人和儿童食用。

课后习题

1. 擦尖面制作中，小麦粉和高粱粉的比例最大为（　　）。

A. 2 : 1　　B. 1 : 1　　C. 1 : 2　　D. 1 : 3

2. 根据面食的形状和制作工艺，外形似蝌蚪的是（　　）。

A. 大同刀削面　　B. 剔尖　　C. 擦尖　　D. 刀拨面

3.（多选题）制作擦尖使用的特制的工具是（　　），该工具面上密密麻麻的孔眼为（　　）形，多如鱼鳞。

A. 擦床　　B. 擦板　　C. 月牙　　D. 圆

4. 请简单陈述制作擦尖面使用的工具和制作技巧。

5. 请简单陈述擦尖面的成品口味。

知识点9　蘸片子——亲密的面与菜

一、地方风物

清徐地处太原市郊，是山西老陈醋的发源地，也是全国四大葡萄产地之一，素有“醋都”和“葡乡”之称。除了葡萄和陈醋之外，这里还有一道很有名的特色面食——蘸片子，清徐蘸片子在山西的面食中也是佼佼者，它的制作方法非常独特，这一古老朴实的面食备受当地人的喜爱。山西面食的独特，是与当地民风自然相连的。历史上，黄河边勤劳、厚道、聪明的山西人，在面朝黄土背朝天的辛勤劳作之后，仍不忘在饭桌上给家人一点新意。蘸片子就是其中之一，尤其是清徐的蘸片子，更是以其独特的制作方法为外人称道。

二、食风食俗

最正宗的蘸片子，要数玉谷叶子蘸的。玉谷叶也叫老来青、野苋菜，一叶一叶的玉谷叶子蘸上面糊放入开水锅中，煮熟捞出盛在碗里，浇上西红柿卤汁或者肉炸酱，再调入少许老陈醋、蒜泥、辣子油。面菜均匀，青白分明，光滑爽口，令人百吃不厌，是一道不可多得的健康营养美食。

蘸片子所用的蔬菜不只玉谷叶子一种，也可以是苋菜、白菜、菠菜、土豆、茄子、豆角，真可谓一面百菜，随心所欲，风味各异。

三、制作流程

（一）制作原料

所需原料：菜（可以选用土豆、茴子白、大白菜、胡萝卜、茄子、豆角、韭菜、甜菜叶）、鸡蛋、面（可以选用白面、高粱面、豆面）。

（二）制作流程

第一步，豆角洗干净，沥干水分，切段。

第二步，将面粉放入切断的豆角中，再加入鸡蛋和少量的冷水，面要和成不稀不稠的形态，用筷子朝着一个方向运动，醒面要到位，是为了面团能筋道些，煮的时候也散不开。

第三步，在刚才准备的菜上撒一些干面粉，这样调好的面才能挂在菜上。用一小勺挖一团，放入开水锅中。

第四步，将一块块的小菜疙瘩放入锅中煮 2~3 分钟。也可以将菜疙瘩放入蒸锅中蒸 5~6 分钟，味道各有千秋。

第五步，制作醋酱：小碗里倒一些老陈醋，盘子里是葱末、姜末、蒜末、干辣椒末，醋要根据自己的口味定量的多少。将油倒入炒锅，油热了以后放入少量的花椒，紧接着放入醋，再放入以上盘子里的配料，加一点水，放一点糖、一点盐，最后勾一点芡粉（芡粉不要太多）。

第六步，制作西红柿酱：基本与西红柿鸡蛋酱的做法雷同，只不过依个人口味加入老陈醋，味道更佳。将酱汁倒在制作好的蘸片子即可食用。

四、成品口味

制作好的蘸片子面菜均匀，青白分明，光滑爽口，令人百吃不厌。适当食用蘸片子能降低血液及肝脏中的脂质，预防心血管疾病，特别是水溶性膳食纤维具有此项功能。一般孕妇及老年人的消化道肌肉较为松弛，因此更需要摄取更多的膳食纤维。膳食纤维可降低血液中与心脏病有密切关联的脂肪，如胆固醇、三酸甘油酯等的含量，防止动脉硬化、高血压等血管并发症的发生，也可降低血糖，预防糖尿病。膳食纤维可降低人体对胰岛素的需要和调节血糖，有益于糖尿病的控制，预防并发症的发生和发展。还能促进肠蠕动，防治便秘。膳食纤维能在肠道中吸收和保持水分，增加粪便体积，促进肠道蠕动，从而缩短食物残渣通过肠道的时间，降低结肠压力，有助于预防便秘。

课后习题

1. 山西特色面食——蘸片子的发源地是（　　）。

A. 太谷县　　B. 清徐县　　C. 祁县　　D. 阳曲县

2. 最正宗的蘸片子，要数（　　）蘸的。

A. 豆角　　B. 茄子　　C. 玉谷叶子　　D. 白菜

3.（多选题）食用蘸片子时，可以蘸上（　　）等辅料。

A. 西红柿酱　　B. 醋　　C. 蒜泥　　D. 辣椒

4. 在制作蘸片子的过程中将面粉放入切断的豆角中，面要和成不稀不稠的形态，用筷子朝着（　　）运动。

A. 顺时针方向　　B. 逆时针方向　　C. 不同的方向　　D. 一个方向

5.（多选题）蘸片子所用的蔬菜不止一种，可以是（　　）。

A. 苋菜　　B. 白菜　　C. 菠菜　　D. 茄子

任务三　晋南特色面食

知识点1　稷山麻花

稷山麻花是山西的一道民间宫廷小吃，我们通过了解它的故事，能感受到后稷故里的文化底蕴。

一、地方风物

稷山麻花是百年老字号，纯手工制作，配料考究，口味独特，要经过十八道工艺才能制作完成，目前已经被列入国家非物质文化遗产。其中赵氏四味坊生产的麻花是稷山麻花的主要代表，有各种不同的口味，深受人们喜爱。

稷山麻花，因源于后稷故里而得名。后稷是一位四千多年以前上古时期的农业创始人，他善于种植多种粮食作物，在县境南陲的山中教民稼穑，栽植五谷，人们尊称他为“稷王”，称此山为稷王山，稷山县由此而得名。

正所谓“春耕、夏耘、秋收、冬藏，四者不失时，故五谷不绝”。后稷不仅使五谷获取了丰收，而且积攒了丰富的农事活动经验，开创了万古不朽的农耕伟业，被尊为“百谷之神”。

民以食为天，后稷可以说是中华民族几千年帝业的根主，因此产生了“江山社稷”这一说法。

二、历史渊源

关于稷山麻花还有一个故事。很久以前，稷王山附近村庄毒蝎横行，祸害乡民。人们为了诅咒毒蝎，就在二月二这一天，祈望龙抬头来兴云化雨，威镇百虫。家家户户把和好的面拉成长条扭作毒蝎的尾巴状，祭献龙王，然后用油炸了吃掉，称之咬蝎尾巴，预示家人一年平安无事。久而久之，这种蝎尾巴就演化成了麻花，由一股变成两股。由于麻花有诅咒毒蝎、祈福平安的传奇色彩，又兼之好看、好吃，就成了人们逢年过节、走亲访友珍贵的礼品了。

历史上还有一位大文豪，曾对稷山麻花的宣传做过历史性的贡献。他就是清代大学士、一代文豪纪晓岚。纪晓岚的岳父马永图，敕封儒林郎，曾任稷山知县，后升内阁中书。纪晓岚常吃到岳父带给他的稷山麻花和稷山板枣，细细品味，回味无穷，感悟颇多，于是便撰文称颂。他还向乾隆皇帝介绍稷山麻花，皇帝亲口品尝，称道：“形如绳头，香酥可口，出类拔萃，别具风味”。有了皇帝的金口赏文，稷山麻花被列为朝廷御餐，地方年年进贡，声名大振，传名后世，成为一道民间宫廷小吃。

三、食风食俗

稷山麻花要经过十八道工艺才能完成，它的制作技艺是山西面食技艺的典型代表，也是中华民族五千多年饮食文化的智慧结晶：包括从培养酵块、掺水和面、按比接面、分割面块、反复揉面、匀揪面节、面节擦油、卧缸存放、分板打畦、搓条上劲、扭股成形、入锅油炸、翻拨整形、出锅淋油、化熬糖汁、添加辅料、二次冷却、存放十八道工序。

艺人传艺，让真正的技艺永传民间。有这么一位民间泥塑艺人——梁宏志，他匠心制作了“泥麻花”工艺，生动形象地再现了稷山麻花的18道传统制作工艺。他亲自到稷山赵氏四味坊麻花制作基地，现场观察，拍照写生。从开始设计图纸到做泥塑、彩绘、上色全部完成，长达3个月。该作品共有人物30多个，道具20多种，完整再现了稷山麻花的悠久历史。

四、制作流程

（一）制作原料

所需原料：面粉500克、色拉油1000克、糖30克、小苏打1克、玉米发面50克、水230克。

（二）制作流程

第一步，将面粉、糖、发面、小苏打、油各 20 克混合均匀，加水揉成面团。

第二步，将面团醒至 40 分钟后，下剂 50 克左右 1 个，搓成 40~50 厘米长的细长条，要求粗细均匀。

第三步，搓好后，双起搓成双股绳状，再双起搓成四股铰链状，即成生坯。生坯要求长短均匀。

第四步，油在锅内烧热，放入生坯，用特制筷子轻轻搅动，待浮起，颜色呈金黄色时即可捞起。

五、成品口味

稷山麻花是油炸食品之一，外形呈铰链形，故又称“铰链棒”。有甜、咸两味之分，甜味的又有拌糖的（外表撒砂糖粉）和不拌糖的区别。除此之外，还有油酥、巧克力、五香、怪味麻花等数十个品种。

稷山麻花色泽金黄、圆润透亮，入口酥脆适口、油而不腻，甜味麻花甜而不腻，咸味麻花脆而不碎。

课后习题

1. 稷山位于山西（　　）。

A. 晋北　　B. 晋中　　C. 晋南　　D. 晋东南

2. 作为宫廷小吃，稷山麻花被（　　）皇帝称赞道：“形如绳头，香酥可口，出类拔萃，别具风味”。

A. 嘉庆　　B. 乾隆　　C. 雍正　　D. 康熙

3. 稷山麻花是百年老字号，目前已经被列入国家非物质文化遗产。其中（　　）四味坊生产的麻花是稷山麻花的主要代表，有各种不同的口味，深受人们喜爱。

A. 赵氏　　B. 张氏　　C. 李氏　　D. 钱氏

4. 简述稷山麻花的制作流程。

5. 简述稷山麻花的历史渊源。

知识点2　交里桥饸烙面——“床”压出的面

山西既是小麦的产地，也是荞麦、高粱的原产地，且其栽培和食用历史悠久，所以自古以来，对饸饹的制食和经营面都很广。晋南是小麦的产地，一般都是用麦粉压制饸饹，特别是曲沃交里桥的猪肉饸饹面，驰名省内外，被评为省级非物质文化遗产。人们喜欢吃这种面食，正如民歌中唱道："荞麦饸饹羊腥汤，死死活活相跟上……"

一、地方风物

曲沃人文荟萃，上古时期华夏始祖轩辕黄帝就曾稼穑于此。2600多年前，晋文公重耳更是以此为中心，建立了长达一个半世纪的辉煌霸业。《诗经》唐风中大多诗篇来源于这里，汉语中300多个耳熟能详的成语也诞生于此。所以，曲沃也被叫作"晋国故里"和"中国成语之乡"。交里桥位于曲沃县城东南交里村。交里村因天河和浍河两股水流交汇于此而得名"交里"。曲沃交里村所在之地，当是曲沃最富饶之"河漕"地区。北有滏河，中有浍河，南有天河，水源充足，土地肥沃，是曲沃粮、棉、烟草盛产之地。曲沃交里饸饹面就是用这里种植的优质冬小麦面粉、蔬菜、油料等精心制作，闻名于世400年。

二、历史渊源

王桢《农书·荞麦》载："北方山后，诸郡多种，治去皮壳，磨而为面，摊做煎饼，配蒜而食，或做汤饼，谓之饸饹。"这里的"汤饼"可不是饼，是指水煮的面食。

"饸饹"这个名字比较特别，据说这与北齐开国皇帝高洋有关。高洋在太原称帝后儿子要过生日，便邀请王公大臣们来赴汤饼（象征长寿的汤面）宴。汤饼做起来太慢，御厨便想了个办法，把面放于床洞上压，没想到效果竟出奇的好。御厨用的"床"这个物件，不是我们现在睡觉的床，而是一种可以坐的家具，是古代游牧民族使用的，后来传到中原地区，叫作胡床，睡觉的家具在古代叫"榻"。山西现在一些地方的方言，仍把凳子叫"味床"，这种叫法就是古代遗留下来的。汉代时，家家都有一种叫"火炉床"的物件，估计当时这位厨师灵机一动，就把这种"火炉床"当成压面工具了。刚开始，用这种"床"做出来的面叫"促律忽塔"，完全是根据压面时发出的声响而起的名，因为床架在锅上，就好像面漏入河中，便叫了"饸饹"，后来人们又发明改造了"饸饹床"这种加工面食的专用工具，并沿用至今。

三、食风食俗

压饸饹的工具，称为"饸饹床子"，小的不到二尺长，大的可横跨最大的铁锅，床身用粗壮而弯曲的木料或铁制成，前后双腿，床的中央有一个洞，下面是密密麻麻的小孔，上面的木芯可以上下活动。因为面的特殊质地，最适合用床子压。

压的时候，将饸饹床置于锅上，等水烧开时，将揉好的面团填满床洞，放下木心杠子，压饸饹人坐在杠上，手扶着支撑物或拉着顶棚上的绳子，利用自身体重下压，一会儿的工夫，饸饹床下便可看到长长的饸饹缓缓地落入已烧开的锅中，用手一拨，那饸饹便顺势离了床子落入锅中，筷子一搅，饸饹便浮在水面上了，笊篱捞出后放在冷水盆内过凉，再回锅，拌以香油备用。

肉臊子选用上等五花肉，经过家传秘方熬制出独特风味的肉臊子。烩面时，投嫩韭菜、葱丝或菠菜放入锅中，抓一把面放在笊篱内，在荤汤中涮热，连菜带汤捞入碗中，浇上肉臊子及米醋即可食用。不管是吃着柔嫩爽滑的饸饹面还是喝上一口汤，香浓的温热顿时让人元气满满，每喝一口，都让人唇齿留香，回味绵长。

三晋民间还把吃饸饹赋予美好的象征，因为饸饹面柔软绵长，以图长命百岁，每逢红白喜事、老人过寿或小孩满月，节日待客，都要吃饸饹面。特别是每年除夕，家家户户都要吃荞面饸饹，以祈全家和睦，人运亨通。

四、制作流程

（一）制作原料

所需原料：面粉 500 克、盐 2 克、碱 1 克。

所需辅料：五花猪肉，曲沃中药店特制十全调和面［即用传统工艺精细炮制的调味品，八角茴香（大料）、小茴香、花椒、肉桂、丁香、豆蔻、砂仁、陈皮、草果、干姜十种天然香料加工制成］，曲沃优质黑酱、棉籽油或油菜籽油、鲜菠菜或鲜嫩韭菜、食盐、曲沃米醋等。

加工工具：饸饹床。

（二）制作流程

第一步，和面：将盐和碱用温水化开后倒入盆内，用温水和面，直至面柔软光滑，软硬适中，醒面 30 分钟。

第二步，将饸饹机（床）架在水已沸腾的锅上。取一块搓成圆形的面，在水里蘸一下，放入窗口内。合上窗板，用力将饸饹面压入锅中。

第三步，将面压进锅后，用刀齐窗口底部将面条割断入锅煮熟。

第四步，将饸饹面用笊篱捞出，倒入冷水盆中，反复用冷水冲凉。

第五步，捞出，搅拌熟芝麻油或棉籽油，放在长盘里待用。

第六步，抓一把放在盘子里的熟面，同菠菜或韭菜一同煮熟，即可食用。

五、成品口味

曲沃交里桥饸饹面与饼子，堪称中国式的“快餐”。饸饹面的臊子是猪肉臊子，猪肉经过数小时的文火熬制，芳香和营养溢满汤汁中，搭配大块的猪肉，让人吃到口中鲜味醇厚，口齿留香。不管是吃着柔嫩爽滑的饸饹面还是喝上一口汤，香浓的温热顿时让人元气满满，每喝一口，都让你唇齿留香，回味绵长。交里桥饸饹面因有汤有面，营养丰富，色香味美，筋滑利口等特点美名远扬，代代相传。

制作饸饹面的荞面营养物质含量丰富，是很多人都喜欢吃的食品，荞面含有丰富的矿物质元素，对于维持人体心血管系统和造血系统的正常生理功能有非常重要的意义，具有降血脂和降胆固醇的作用，对高血压，心脏病以及心血管病都有重要的预防作用。荞面内的脂肪含量特别低，还能促进消化，对于人的身体健康特别有利，吃荞面不用担心脂肪的堆积，引起肥胖。

课后习题

1.20 世纪 90 年代，“(　　)”遗址的发现，使纷争千年的晋之始封尘埃落定，曲沃即“叔虞封唐之所，三晋发祥之端”。

A. 西侯度遗址　　B. 陶寺遗址　　C. 丁村遗址　　D. 曲村——天马遗址

2. 多年前，称雄中原的春秋五霸之一的（　　），就是以曲沃为中心，建立起了长达一个半世纪的霸业。

A. 晋献公　　B. 晋文公　　C. 晋襄公　　D. 晋景公

3. 曲沃交里桥（　　）与（　　），堪称中国式的“快餐”。

A. 饸饹面　鸡蛋　　B. 饸饹面　饼子　　C. 抿尖　饼子　　D. 饸饹面　猪肉

4.（　　）含有丰富的矿物质元素，对于维持人体心血管系统和造血系统的正常生理功能有非常重要的意义，具有降血脂和降胆固醇的作用。

A. 白面　　B. 荞面　　C. 高粱　　D. 小麦

5.（多选题）曲沃交里村所在之地，当是曲沃最富饶之“河漕”地区。北有滏河中有浍河南有天河，水源充足，土地肥沃，是曲沃（　　）、（　　）、（　　）盛产之地。

A. 粮　　B. 油　　C. 棉　　D. 烟草

知识点3　晋南油酥饼——炉火里的烧烤

一、地方风物

晋南位于山西的西南角，包括今天临汾、运城两市及所辖范围。该区地势较低，主体地形是临汾、运城两大盆地，所以热量较高、地形宽广。最重要的是这里有众多的水流滋润，汾河自北向南路经此地注入黄河，黄河的小支流涑水，还有众多的溪流都使得这里成为水资源充足、土壤肥沃的适合发展农业的地方。

如此良好的自然条件特别适合优质小麦、棉花的生长。得天独厚的地理条件使小麦成为这里的主产粮，小麦粉的食用较各区最多。

当地人们的日常饮食有白面馒头、油心卷、花卷、菜卷、包子、菜饼、煎饼、油酥饼、尧五饼、汤面、炒面、臊子面、凉面、饺子等。而其中晋南油酥饼尤其受大家的喜爱，其特点是层次分明，脆而不碎，油而不腻。

二、制作流程

（一）制作原料

原料：面粉、水、泡打粉、酵母、猪油、白糖、盐、菜籽油、五香粉。

（二）制作流程

第一步，开始和面，把面倒入盆中，加入泡打粉、酵母、白糖，搅匀。

第二步，慢慢加入水，把揉好的面团放到案板上搓圆，包上保鲜膜，放到一旁松弛半个小时。

第三步，油酥制作：开火把菜籽油加热，然后把面粉、盐、五香粉倒入盆中。把热好的菜籽油倒在盐、五香粉上，边浇边搅，搅匀以后放在一旁冷却。

第四步，制作饼坯：把醒好的面团切开，抹上一层油，按压擀制（从中间往两头擀），然后拉薄。

第五步，饼坯中间均匀抹上油酥，从一边卷起，卷好后按压成饼状，把接口按压到下面。

第六步，把按压好的面团醒一会儿，然后擀开。

第七步，在电饼铛中刷油，把刚刚擀好的油酥饼放进去，并在饼面上也刷一层油，盖上盖子，烤五分钟，烤至两面金黄。

三、成品口味

油酥饼个儿大，量足，饱腹感强，油而不腻。做好的酥饼层次分明，脆而不碎，既可直接食用也可夹入肉或蔬菜，一个大大的夹肉酥饼下肚，满足感油然而生。面粉富含蛋白质、碳水化合物、维生素和钙、铁、磷、钾、镁等矿物质，有养心益肾、健脾厚肠、除热止渴的功效。

课后习题

1. 制作晋南油酥饼的主要原料是（　　）。

A. 小麦面粉　　B. 莜面　　C. 荞面　　D. 玉米面

2. （多选题）晋南油酥饼的主要特点是（　　）。

A. 层次分明　　B. 油而不腻　　C. 脆而不碎　　D. 清香软糯

3. 做好的酥饼（　　）保存能最大限度地保持其酥脆的口感。

A. 冰箱冷藏　　B. 阳光下暴晒　　C. 将其密封保存，避光储藏于阴凉干燥处

D. 将其密封保存，储藏于阳光照射处

4. 晋南面食的特色在于小麦面粉是其面食制作的主原料，请列举五个以上晋南人日常饮食中以小麦面粉为制作原料的面点。

5. 请简述晋南油酥饼的成品口味。

知识点4　垣曲炒祺制作技艺——愚公的“土炒馍”

一、地方风物

垣曲县又称舜乡，是帝舜故里，位于山西省南端，隶属于山西省运城市。垣曲县因“周围皆山，中垣如曲”，故得名，据《垣曲县志》，垣指王屋山，山形如垣，曲指河曲，黄河九曲之一，故称垣曲；垣曲县商周时称亘方，西汉称垣县，宋代时称垣曲，并沿用至今。中华人民共和国成立后，1950 年垣曲县属运城专区，1954 年垣曲县属晋南专区，1972 年垣曲县属运城地区，2000 年年底，运城地区撤地设市，垣曲县属运城市。

垣曲县人文资源富集，“世纪曙猿”化石的发现推翻了“人类起源于非洲”的论断，华北地区唯一的原始森林——历山，被誉为“华北动植物物种基因库”，辖区年均气温 13.5℃，年均降水量 631 毫米，无霜期 230 天，素有“十里不同天”的说法。

二、历史渊源

一般食品的制作，或是水煮，或是油煎，或是铁烙，或是炭火烤，或是石子烫等。而炒祺的独特之处在于其做法是用土炒，炒祺是纯手工制作，用白面、食油、土鸡蛋、白糖、盐、芝麻等原料制成面坯，用土炒制而成。

炒祺是垣曲县独有的特产，已有五千年的可考历史，是一种传统面食。炒祺的来源相传与舜有关，据说古时候舜携娥皇、女英二位妃子畅游历山，在炒祺凹留下一种食品，其色黄焦脆、爆香可口、口感香脆绵长。后来百姓得以传承，因在炒祺凹制作而成，故名炒祺。

由于炒祺用垣曲独有的白土及绿色原料制作，具有健脾养胃之功效，所以才得以世代流传而不败，成为全国绝无仅有的非物质文化遗产。如今它仍以手工生产延续着它强大的生命，成为人们喜爱的食品之一。到垣曲的人几乎都要带上几包，或自己品尝抑或赠送亲友。垣曲炒祺是垣曲县第一批县级非物质文化遗产，并得到政府的保护。

三、食风食俗

炒祺也是垣曲劳动人民长期与大自然和谐相处的产物，过去人们出远门，有一个难题不好解决，那就是水土不服，常常拉肚子，于是，垣曲人就创造出了这种独特的食品，解决了这一难题。炒祺带着家乡的水、家乡的土、家乡的面，又耐放易存，几个月都不腐不坏，每天吃一点，就平平安安换了肚子。

炒祺的种类有鸡蛋炒祺、芝麻炒祺、麻辣炒祺、五香炒祺、油酥炒祺、奶油炒祺、豆油炒祺、无味炒祺、奶粉白糖甜炒祺、咸淡炒祺、花生仁炒祺、核桃仁炒祺、蜂蜜炒祺等，让人们听到口味丰富的炒祺品种时，都想去垣曲品尝一下炒祺的味道。

四、制作流程

（一）制作原料

所需原料：上等的细白面、酵母、油、鸡蛋、芝麻、五香粉、花椒叶、香葱、盐。

（二）制作流程

第一步，将白面佐以盐、芝麻、精油、鸡蛋、花椒粉或五香粉等，和成略硬的面团后醒妥，用杆杖杆成厚薄适度的饼，再切成小长方形的块状。

第二步，取来舜乡特有的白土，用石碾碾碎，取细细的白土放在大铁锅内，架火将白土烧沸。

第三步，将切好的小面块倒入沸土之中，用铁铲不停地慢慢搅动，直至炒熟。

第四步，再用筛子将祺子筛出，用干净布料将附着在祺子上的白土擦净即可。

五、成品口味

炒祺成品为或方或长的块状，色泽金黄，口感清脆，香醇可口，味美余长，咬着发出嘎嘣嘎嘣的声音，有多种口味，如鸡蛋炒祺、芝麻炒祺、麻辣炒祺、五香炒祺、油酥炒祺等。

垣曲炒祺的主要原料是面粉和鸡蛋。面粉中含有蛋白质、淀粉、脂肪、维生素和无机盐等，鸡蛋所含蛋白质为完全蛋白质，蛋黄还含有丰富的脂肪、卵磷脂等，具有养胃健脾之功效。

课后习题

1. 垣曲县位于山西省的（　　）地区。

A. 吕梁　　B. 临汾　　C. 运城　　D. 晋城

2. 垣曲是（　　）的故乡。

A. 尧　　B. 舜　　C. 禹　　D. 汤

3. 制作垣曲炒祺的特殊原料是（　　）。

A. 白土　　B. 黑土　　C. 细沙　　D. 石子

4.（多选题）垣曲县主要特产有（　　）。

A. 猴头　　B. 炒祺　　C. 大枣　　D. 核桃

5. 简述垣曲炒祺的成品口味。

知识点5　石头饼——华夏面食的“活化石”

一、历史渊源

石头饼（又称沙子馍），顾名思义是在制作过程中有石头参与的，具有明显的古代石烹遗风。黄河人类用火经历了漫长的历史演变过程。石烹法的出现，应该说与人类谷、麦等粒食食物的食用有一定的关系。植谷为食，始于神农时期。神农氏是黄河先民中的一位圣人，即我们常说的炎帝，是黄河民族的祖先之一，他首创农业生产，教人食谷。

《白虎通义》云;“古之人皆食禽兽肉，至于神农，人民众多，禽兽不足，于是神农因天之时，分地之利，制耒耜，教民农作。”然谷物粒食，不宜于火上直接烧烤，先民就发明了“石上燔谷”之法。《古史考》云:“神农叫时民食谷，释米加烧石上而食之”。关于“石上燔谷”，其他典籍中也多有所载。《礼记 · 礼运》有“其燔黍捭肠人，污尊而杯饮燔黍，以黍米加于烧石之上，燔之使熟之”“臂析肠肉加工于烧石之上而熟之也”。这种方法一直为后人所沿用。

这种方法是将石块烧热，谷物直接放在石上而制熟。这主要是利用石块传热慢，散热也慢，布热比较均匀的特点，以达到控制火候的目的。这种方法一直为后人所沿用，唐朝时有“石鏊饼”之制，明清谓之“天然饼”。而这种古老的烹调法，至今仍在汾阳广泛流行。

二、食风食俗

用石头烤制面饼的好处就是石块传导热的过程比较慢，而且会让面饼的受热十分均匀，所以在火候的控制上，这种烘焙方式是非常优秀的，面饼可以均匀地吸收到热量，而且过程十分缓慢，不容易焦煳掉，但是又能够熟透，这就使得烤好的石头饼在口感上十分酥脆。

石头饼可以放置很长时间不坏，放置的时间长了，里面的水分就被蒸发掉很多，这样在口感上就更加酥脆，十分耐嚼且香气十足，也适合掰成小块，泡在煮好的汤或者稀饭中食用。

石头饼作为一道古老的美食被一代又一代地传承下来，制作简单，大体上并没有多么大的改动，仍然保持着自己简简单单的美味，成为一代又一代人记忆里不可缺少的美食。

三、制作流程

（一）制作原料

所需原料：面 250 克、鸡蛋 30 克、水适量、馒头改良剂 1 克、白糖 3 克、泡打粉 1 克、酵母 3 克、盐 3 克、花椒碎 3 克。

（二）制作流程

第一步，和面。将馒头改良剂、白糖、泡打粉、酵母、盐、花椒碎、鸡蛋依次倒入面中。慢慢加入水，揉成团，包上保鲜膜，饧半个小时。

第二步，撕开保鲜膜，在面团上撒些面粉。切开面团，搓成长条，揪成均匀的小剂子。

第三步，将小剂子按扁，从中间往外擀，擀至 0.3~0.5 厘米。

第四步，铺上提前加热好的鹅卵石，把饼坯放至中间，上面再盖一层鹅卵石，大概 5 分钟，烤至两面金黄即可。

四、成品口味

由于石子焙烙传热均匀，烤出来的石头饼既不焦煳又能熟透，看起来表面微焦，咬起来薄脆酥香，特有的谷物原香令人难忘。

课后习题

1. 植谷为食，始于（　　）时期。

A. 黄帝　　B. 神农　　C. 夏朝　　D. 女娲

2. 石头饼又称（　　）。

A. 剪刀面　　B. 刀拨面　　C. 花馍　　D. 沙子馍

3.（多选题）石头饼的制作主要是利用石块（　　）、（　　）、（　　）的特点，以达到控制火候的目的。

A. 传热慢　　B. 散热也慢　　C. 布热比较均匀　　D. 传热快

4. 从制作方法方面说明烤好的石头饼在口感上十分酥脆的原因。

5. 简述石头饼的成品口味。

知识点6　和子饭——变幻无穷的家常面

一、地方风物

和子饭，又称和则饭、钱钱米汤、钱钱和子饭，也称和和饭，在晋南一带也称米淇。是晋、陕地区比较常见的著名传统小吃，在当地居民的早晚餐食谱中最常见。其基本组合为小米、薯类、蔬菜和各种面制食物饭菜合一，是所谓“调和饭”。由于地域差异，各地“和子饭”的制作方法、辅料搭配又各具特色。有的以小米为主，加煮红薯、土豆、黄豆和糊面的；也有米面各半，加煮南瓜、白菜和拌面的；还有米少面多，加煮大量萝卜条的。

和子饭按照地区、加入的面粉类别、加入的面食类别以及加入的辅料不同，而吃法各异，分类众多。

二、历史渊源

相传古时候，长治市壶关县五龙山下住着一齐姓人家，老两口率领3个儿子勤劳开荒，养家糊口。几年后，儿子长大相继成家，父子兄弟、婆媳姑嫂和睦相处，就像在一口锅里吃饭一样，受到全村人的羡慕。

农历四月十九这天是五龙山庙会，婆婆把3个媳妇叫到跟前说：“你们去赶赶会，顺便去庙里上炷香，祈求神灵保佑咱家平平安安，增丁添口。你们各自拿点面粉，中午我们自己做着吃。”大媳妇送来了白面，二媳妇送来了豆面，三媳妇送来了小粉面。3对小夫妻欢欢喜喜地赶会去了。中午，婆婆把3种面粉和在一起搭成薄薄的面片，折叠起来切成柳叶条，煮熟后浇上豆芽、豆腐、酸菜卤子，让老汉吃。老汉越吃越香，问婆婆：“这是什么饭？这么好吃。”婆婆笑着说：“这叫‘三和面’，是儿媳妇送来的三种面粉做成的。”老汉高兴地说：“真好吃，儿子听话，媳妇孝顺，全家和睦，以后迎亲待客就吃三和面吧。”

晚上媳妇们回到家，进门就问婆婆中午吃的什么饭。婆婆说：“我把你们送来的面粉和在一起，吃了顿三和面条。盆里还剩着3小把三和面面条，你们各自取上一把，熬上些小米稀粥，煮上些大豆、土豆、老南瓜、干豆角、红萝卜，滚好后下入面条，烹上葱花、蒜片，放上调味品，调和在一起，喝上顿‘全家福’和子饭吧！”就这样，“三和面”“和子饭”在上党出世了。

三、食风食俗

天长日久，这种吃法，特别是“和子饭”一名传遍了三晋大地。不过，名称不同，有“和子饭”“调和饭”“菜饭”“米羹”“米棋”等；投料也各有所好。五龙山下的老百姓更是受益匪浅，于是做了一块“和为贵”的金字门匾，挂在齐姓的大门上方。时至今日，外地人提到山西的“和子饭”时有微词，对将米、面、菜一起混煮的吃法不以为然。可许多到外地工作的山西人，说起家乡的“和子饭”，不禁津津乐道，回味无穷，乡情缕缕。

四、制作流程

（一）制作原料

所需食材：面粉 200 克、小米 50 克、南瓜 100 克、土豆 100 克、豆角 100 克、食盐 2 克、葱 1 段、麻麻花 1 克、花椒 2 克、食用油 1 茶匙、陈醋 1 茶匙。

（二）制作流程

第一步，和面：将 200 克面粉倒入盆内，加水均匀地搅拌起来，和成面团，将面团擀成细面条备用。

第二步，将土豆、南瓜切块，豆角掰成小段，葱切末备用。

第三步，锅中加水烧开，放入洗净的小米，中小火煮 10 分钟。

第四步，把土豆、南瓜、豆角放入锅中，中小火煮 15 分钟左右，直至土豆、南瓜软绵。

第五步，下入面条，煮熟。

第六步，另取一锅，加入少许食用油、花椒，烧至八成热。捞出花椒，下葱末、麻麻花爆香至焦黄色。

第七步，将爆香过的葱、麻麻花和油倒入和子饭锅中，并加入适量的盐拌匀即可。

五、成品口味

和子饭属稀饭类，是稀粥的延伸新种。将小米熬成稀粥，加入豆类、薯类、蔬菜和各种面制食物，饭菜合一，口感软滑，滋润养胃，回味无穷。和子饭是把各种材料中和在一起后，加入作料煮制而成，口味各具特色，是山西地区比较常见的著名的传统小吃，在当地居民的早晚餐食谱中最常见。

和子饭与传统的中医养生有紧密的关系和内在的联系，中医讲“不偏不倚之谓中”，而晋陕地区的和子饭没有主次之分，也是养胃的美食。而颇有生活智慧的百姓们也根据时节和喜好加入不同的辅料和佐料，不仅口感丰富，还增加了温和养胃的效果。

和子饭通常由小米、豆类、薯类以及各种面食等混合制成，口感鲜美，营养丰富。

其中，小米营养价值高，主要含有碳水化合物、蛋白质及氨基酸、脂肪及脂肪酸、维生素、矿物质等。小米有清热、消渴、健脾、和胃的功效。

豆类中的主要营养成分有碳水化合物、蛋白质和脂肪等，长期食用具有健脾养血、除湿的功效。

薯类含有丰富的胡萝卜素、维生素、膳食纤维、碳水化合物、矿物质等，长期食用具有提高机体免疫力、预防高血压、高血糖、糖尿病、通便、减肥等功效。

课后习题

1. 和子饭是将（　　）、薯类、蔬菜和各种面制食物饭菜合一熬制而成。

A. 小米　　B. 大米　　C. 燕麦米　　D. 荞麦米

2. 制作和子饭经常会添加以下一种食材，部分地区通常将其捣烂制成钱钱状，这种食材是（　　）。

A. 小米　　B. 红豆　　C. 黄豆　　D. 南瓜

3.（多选题）和子饭制作中，需将（　　）在油中爆香，加入熬煮好的米粥中。

A. 麻麻花　　B. 葱花　　C. 蒜末　　D. 韭菜花

4. 请根据和子饭的历史渊源，简述和子饭深受民间喜爱的原因。

5. 简述和子饭的营养功效。

知识点7　侯马剪刀面——面食也可裁剪出

一、历史渊源

剪刀面是山西省的面食小吃，因制面工具以剪刀而名，又因剪出的面条呈鱼形，亦叫剪鱼子，其制法起源于隋末。

民间相传，太原公子李世民读书练武、聚才谋义，武士护慕名拜访，时值晌午，李世民私留书房用餐。正在裁衣的长孙氏来不及备饭，急忙和面团并用剪刀细细剪下，煮后呈食。后来李世民父子起兵大唐故地晋阳，以“剪面”之势攻取长安，统一了山河。

2011 年，剪刀面制作技艺被确定为山西省非物质文化遗产项目。刘宣萍被确定为省级非物质文化遗产剪刀面制作技艺代表性传承人。

二、食风食俗

剪刀面，剪面时左手持面，右手握剪刀，声如雀鸟归巢之喧，形如银鱼入水之跃，在空间里飘落如春风拂柳，秋瀑激雪令人目不暇接，一幅诗意花映进入眼帘，颇具观赏性。

三、制作流程

剪刀面的制作看似简单，实则不易。

（一）制作原料

剪刀面的主料有面粉、鸡蛋、猪肉丁、青椒、土豆、海带、香菇、豆腐、西红柿、胡萝卜等；辅料有油、盐、葱、蒜、姜、酱油、味精等。

（二）制作流程

第一步，先和面，剪刀面对面的要求是必须比较筋道才行，所以和面要拌入鸡蛋，适量加水，千万别加多，和好后在菜板上揣一揣，这样的面会筋道得多。之后把面放在面盆里饧就行。

第二步，开始准备卤汤，将准备好的食材分别切丁，肉用料酒浸泡，其他分别放在碗里备用。

第三步，油锅倒油，烧至八成热，放入葱、姜及肉丁翻炒，之后加入除青椒外的所有配菜，根据口味倒酱油，盐翻炒 5 分钟后加水没过菜即可。大火烧开汤汁，后加入青椒丁，再换中火烧 3~4 分钟加味精即可。

第四步，取另一口锅，烧水开，用剪子贴着面团剪面入水，剪子一定贴着面团剪，剪成长度约 5 厘米的长条即可。

第五步，剪好后像普通面条一样煮熟，点 2~3 次水，最好多煮一会儿，因为面和得比较筋道，时间短内心不容易熟。

第六步，捞出面条后，浇上刚才做的卤，剪刀面就做好了。

四、成品口味

剪刀面经过特殊烹调技艺的加工制成的炝锅剪刀面，不仅口感爽滑，筋道利口，而且汤鲜味醇，令人回味无穷，不仅民间喜食，还成为历代御面。

课后习题

1. 剪刀面是山西省的面食小吃。因制面工具用剪刀而名，剪出的面条呈（　　）。

A. 蛇形　　B. 条形　　C. 梭形　　D. 鱼形

2.（　　）年 2 月 9 日，剪刀面作为山西唯一一种面食品种参加了中国非物质文化遗产传统技艺大展。

A. 2009　　B. 2012　　C. 2018　　D. 2003

3.（　　）年，剪刀面制作技艺被确定为山西省非物质文化遗产项目。

A. 2009　　B. 2011　　C. 2015　　D. 2017

4.2009 年 3 月，刘宣萍还应邀参加了中央电视台《想挑战吗》栏目组，（　　）分钟内奇迹般地剪出（　　）根面条。他精彩、完美的表演，获得观众一致好评。

A. 一　　B. 二　　C. 393　　D. 293

5. 简述剪刀面的历史故事。

任务四　晋东南特色面食

知识点1　长子炒饼——豪华的上党面食

长子炒饼是山西省长治市著名的地方小吃，是长治人民喜爱的美食。长子炒饼历史悠久，始创于清朝光绪年间，是用面粉、肉丝、蒜薹、粉条加上鸡汤，配以各种作料制成的山西传统小吃。成品色泽金黄，爽口不腻，质地柔软。食用时加醋、蒜，满口生香，别有滋味。长子炒饼被评为“山西名小吃”“上党名吃”。

一、地方风物

长子炒饼历史悠久，始创于清朝光绪年间，并逐渐流传到晋、冀、鲁、豫各地。长子炒饼是用面粉、肉丝、蒜薹、粉条加上鸡汤，配以各种作料制成的山西传统小吃，深受食客青睐。长子炒饼选料精细，制作细致，操作流程包括四十八道工序，口感柔软利口、清香不腻，不仅深受上党人民的喜爱，还是外地人民到长子办事，争相品尝其风味以饱口福的美食。1974 年，晋东南地区商业局饮食服务科将长子炒饼制作方法纳入“烹调技术基本知识”。《长治日报》《太行日报》《山西日报》《中国食品报》《烹调知识》杂志先后登载过其制作方法和风味特点。1984 年，长子炒饼在晋东南地区名产、名吃展销会上荣获一等奖。1987 年 4 月又被上海市锦江（集团）联营公司、服务食品技术研究中心收入《中国风味菜点集锦》一书。

二、历史渊源

山西省长治市当地流传着这样一段故事：长子县清代著名书法家冯士翘先生，经常徒步民间，深入农户，写作画画。一日，他行至石哲村，口干肚饿，到一户人家打尖。户主见是冯先生到了，就吩咐家人做待客饭。冯士翘将主人端的饭、汤吃了个精光。并问，这么好吃的饭，好喝的汤，叫什么？主人回答说：“你吃的饭是用小粉面、粉条、白萝卜条做成的，叫‘炉卜’，是我们这儿的待客饭。”冯先生听了主人的述说，高兴地取出文房四宝写了一首诗:“徒步特游发鸠山，漳河源头碧水翻。下山行至石哲村，进宅解渴来打尖。主人端出待客饭，粗粮细做炉卜香。”写好后，赠给主人作为留念，扬长而去。冯士翘回家后，把在石哲村打尖吃“炉卜”的事说给夫人听。夫人按先生说的方法也做“炉卜”吃，可是怎么也做不好。她再次给先生做“炉卜”时，和面烙饼时抓了几把白面，掺入小粉面内烙成饼，饼切成丝同粉条和白萝卜丝焖炒在一起给先生吃。先生连连称赞“好吃！”并说:“如果用油炒一炒，可能味道更佳”。“炉卜”之后经历历代饭店厨师们的改革，进化成当前的“炒饼”，但因“炉卜”是长子、屯留民间百姓的家传配方，所以至今长子、屯留的百姓，叫“炒饼”还是“炉卜”。

2003 年，长子炒饼参加中国 · 太原国际面食节比赛荣获国际金奖。

2004 年，长子炒饼参加山西省“汾酒杯”第四届烹饪大赛，被评为“山西名小吃”。

长子县城关南街满意饭店陈振江、长子县饮食服务公司马红伟的长子炒饼，也被长治市名吃研究会评为“上党名吃”。

三、制作流程

第一步，用温水将白面揉均匀，揪成面剂。

第二步，将炒饼的饼做成合页状，在锅中加油烙熟。

第三步，用刀将炒饼切成细长条。

第四步，切成细长条的炒饼与肉丝、蒜薹、粉条加以鸡汤，配油、盐、酱油、葱花、蒜末佐料烹炒。

第五步，加香醋，配大蒜瓣即可食用。

四、成品口味

长子炒饼色泽金黄，爽口不腻，质地柔软。

面粉富含维生素和钙、铁、磷、钾、镁等矿物质，有养心益肾、健脾润肠、除热止渴的功效。

猪肉含有丰富的优质蛋白质和必需的脂肪酸，具有补肾养血、滋阴润燥的功效。

课后习题

1. 长子炒饼始创于（　　）。

A. 宋朝　B. 元朝　C. 明朝　D. 清朝

2. 长子炒饼风味的特点有（　　）。

A. 色泽金黄　B. 爽口不腻　C. 质地柔软　D. 咸香酥脆

3. 长子炒饼配菜的原料主要有（　　）。

A. 猪里脊肉　　B. 胡萝卜　　C. 青椒　　D. 粉条

4. 长子炒饼的营养功效有（　　）。

A. 养心益肾　　B. 健脾润肠　　C. 清热止渴　　D. 滋阴润燥

5. 长子炒饼和面用的水是（　　）。

A. 冷水　　B. 温水　　C. 蓬灰水　　D. 盐水

知识点2　上党腊驴肉——天上龙肉地下驴肉

一、地方风物

长治，“居太行之巅，地形最高，与天为党”，所以古称上党，素有“天下脊”的美称。这里关山伟固、居高设险，历史悠久、山河壮美、人文荟萃，厚土民魂、神韵飞扬，是太行山上的一颗明珠。长治的绝美山水，南北兼容，坐山水秀丽之胜，拥文化昌盛之富，必为仁智者向往。长治的风土人情，热烈淳朴，沉淀于社会底层的民俗文化，保留着许多中华民族的文化精粹。长治的风物特产，在古代曾是宫廷贡品，也适用于民间百姓，长盛不衰，伴随上党人民度过了漫长的岁月。

二、历史渊源

省级非物质文化遗产潞城甩饼是上党潞城地区独有的一种汉族民间小吃，因起源于潞城，故又称潞城甩饼。明《潞州志》、清《潞安府志》都有“立春、迎春、鞭春及春盘、春饼”的记载。甩饼就是立春时春饼的一个品种，卷上肉制品或凉拌或炒成熟的菜肴即叫“春卷”，或叫“卷白馍”。在潞城一带，民间多用驴油制饼，吃甩饼时再卷上腊驴肉，油脂与饼相结合，不软不硬，散发出诱人的香味，令人回味无穷。

潞城甩饼创制何时无确切的文字记载，相传唐明皇李隆基任潞州别驾时，微服私访至潞城县南门口，突然下起了大雨，主仆走进一家拉面火烧铺落脚用膳，想吃碗拉面，结果店伙计秦亨在和面时放多了水，不小心又把面团掉进了油盆里。店主师傅董芳灵机一动，赶紧把掉到油盆里的面团拿出来，放在案板上擀成圆饼，撒上椒盐面，两边一叠，盘成圆形用擀杖擀饼。由于和面时湿了水，在擀饼片时，面团有收缩性，所以董师傅就擀一擀，甩一甩，待饼片甩得厚薄均匀时就立刻放在打火烧的鏊上烙制，但饼片一上热鏊，因皮薄，表层立即鼓了起来，他急中生智，用手指将鼓的地方捅了一个窟窿，顿时洞开气跑，而董芳的手指也烫疼了，不由得在葱花盆里蘸了一下，手上带出了葱花，他随手把葱花甩在饼上，翻了个盖后端给李隆基吃。李隆基边吃边问：

“这叫什么饼？又薄又软，又焦又香，真好吃。”董芳一时答不上来。李隆基说：“我看你的饼是甩圆的，就叫‘甩饼’吧”。后来李隆基做了皇帝来潞州视察，府衙设宴招待他，李隆基一看没有“甩饼”，府衙就派快马到潞城城南饭店取来甩饼助兴。这时经营甩饼的董芳才知道前几年第一次吃甩饼的客人是唐明皇，于是他写了一块“甩饼店”的招牌挂在店门外，客商都来小店吃皇帝吃过的“甩饼”，从此甩饼成了潞城一带的著名小吃。

卷在甩饼中的驴肉也大有渊源。驴在山西地区的养殖大约在西汉之后。秦朝前，内地人视驴为稀有珍贵动物，供观赏娱乐。张骞通西域时，驴才从新疆逐渐进入内地。

驴是山西历史上主要的交通工具，至少在唐初，毛驴在山西已经属于家畜而非观赏类动物了。元明时，长治的腊驴肉始有盛名。长治位于“太行天下脊”的上党腹地，坡陡沟深，山西民歌唱“灰毛驴驴上山，灰毛驴驴下”，驴必不可少，随之出现了驴户与驴市。大量老残之驴被加工食用，逐渐形成了独特的驴肉加工工艺。明朝，朱元璋之子沈简王朱模被封于潞州，常独自游荡街巷，最喜吃小摊上的腊驴肉与酥火烧。自己吃得香，便想起了皇宫里的父母和亲戚朋友，于是挑出做得最好吃的驴肉送入了皇宫，没想到皇宫内的人吃得上瘾了。到嘉靖帝时，干脆把腊驴肉列入贡品，这样吃得更方便。

清光绪三年（1877），山西持续大旱，树皮草根食尽，饿殍遍野。腊月二十三，潞安（潞州于明嘉靖后称潞安）知府无力向皇宫进贡，便将府衙内两头驴宰杀，特制了一锅腊驴肉，进贡到皇宫。慈禧太后品尝后问侍者“何方贡品”，侍者告诉她是潞安府贡品。慈禧百感交集，相传这位太后出生于长治，属潞安府。当她听说潞安府现状后，下旨特批十二万石粮食以赈灾民。此后，潞州腊驴肉再次被定为皇家贡品。

三、制作流程

（一）制作原料

白面 500 克，水 250 克，驴油 75 克，葱花 20 克，椒盐 5 克。

需注意：油须用驴肪油。因为驴肪油能增加食物的美味，促进人的食欲，化好的驴肪油制作出的甩饼外脆里嫩，饼面颜色乳白，火点金黄，撒上葱花，椒盐味道更是鲜美。腊驴肉制作要遵循传统技法“九”字诀：肉分九个部位切块，九个时辰（18个小时）浸泡，九种调料滚煮，再入双九香草药老汤，压石块九个时辰煨炖，最后出锅九个时辰晾晒。

加工工具：鏊子必须铸铁铸造成，鏊面平光，鏊厚约 80 毫米，鏊面上边约 50 毫米，下边 20 毫米，使用前下边必须抹 100~150 毫米的混合红泥，以保持高温下鏊面恒温。擀杖为中间粗，两头尖，长约 40 厘米，是制作潞城甩饼的专用工具。

（二）制作流程

第一步，将面倒入盆内，加水（冬天用温水、夏天用冷水）打起穗子，用拳头反复搓，直至面柔软光滑，软硬合适，醒面 10 分钟。和面时注意干粉、清水比例要恰当。面团扎透、扎匀，离盆、离手两不沾。

第二步，将饧好的面揪成一个个面剂，放在案板上用两头尖擀杖擀开，撒上葱花、椒盐叠起来，盘成圆形。

第三步，用擀杖推擀成圆饼，将饼片搭在擀杖上多半片甩至成圆形，放在鏊上。注意操作要利落，制饼时手眼配合，揉剂、擀片、叠折、盘形恰到好处，动作无误，甩出的饼厚薄均匀，大小同鏊。

第四步，在饼面上抹上驴油，翻转饼面，再次抹油，烙 2 分钟即熟。注意掌握好火候。火候是做好潞城甩饼的关键，一般用中火，鏊面恒温保持在 180-200℃，由于火力大，鏊面温度高，制作的甩饼面软饼薄，上鏊后饼面抹上驴油，撒上葱花，翻转后再抹上一层驴油烧约 40 秒，待饼面鼓起，火点金黄时再翻转烧约 10 秒下鏊。

第五步，卷上薄腊肉片，蘸蒜泥就食。

四、成品口味

驴肉可作为脾虚肾亏和贫血症患者的辅助食品，民间有“上有龙肉，下有驴肉”之说。制作好的面饼皮薄、油润，散发着面香。用饼卷上驴肉，蘸上蒜泥，不酥不烂，不软不硬，浓郁可口，令人回味无穷。

课后习题

1. 明《潞州志》、清《潞安府志》都有“立春、迎春、鞭春及春盘、春饼”的记载，(　　) 就是立春时春饼的一个品种。

A. 上党驴肉　　B. 甩饼　　C. 酥饼　　D. 春饼

2. 驴在山西地区的养殖历史大约在 (　　) 之后。秦朝前，内地人视驴为稀有珍贵动物，供观赏娱乐。张骞通西域时，驴才从新疆逐渐进入内地。

A. 西汉　　B. 东汉　　C. 唐朝　　D. 宋朝

3. (　　) 时，驴才从新疆逐渐进入内地。

A. 唐朝　　B. 宋朝　　C. 张骞通西域　　D. 郑和下江南

4. (　　) 可作为脾虚肾亏和贫血症患者的辅助食品。

A. 牛肉　　B. 鸡肉　　C. 鱼肉　　D. 驴肉

5. 简述驴肉甩饼的制作要领。

知识点3 武乡炒指——正在消失的儿童食品

一、地方风物

武乡县，隶属于山西省长治市，位于太行山西麓、山西省的东南部、长治市的最北端，它的形状就像一个横跨太行、太岳两山之间的“如意”。

说起武乡，我们首先想到的就是红色之都，它是八路军的故乡，子弟兵的摇篮。武乡是与井冈山、延安、西柏坡齐名的革命圣地，在抗日战争时期，八路军总司令部、中共中央北方局等机关在这里长期驻扎，朱德、彭德怀、左权、刘伯承、邓小平等老一辈无产阶级革命家都曾在这里长期战斗和生活。而我们今天要讲述的武乡炒指，在抗日战争中曾发挥过极其重要的作用。

二、历史渊源

“炒指”是武乡民间流传时间很长的一种传统面食制品，因为它的外形像人的手指而得名。而且它的炒制的工艺十分奇特，铁锅中加热的介质不是油，不是盐，也不是水，而是黄土。在20世纪六七十年代，炒指是武乡人生活中的奢侈品，一般是被当作刚断奶的儿童辅助食品来食用的。

早在西晋末年，杂居内地的各少数民族多受汉族地主豪强的奴役压迫。武乡羯人石勒因善于相马，结识牧帅汲桑。两人志趣相投，便招募起兵，自号大将军。羯人原是匈奴入塞的羌渠部后裔，惯游牧、善骑射，所以在行军打仗时一天能走数百里，但是在战况紧急时，没有时间安锅做饭，士兵就得挨饿。为方便士兵生活，他便设法给士兵带干粮，开始是带蒸、煮的面食，所以有时带在身上几天吃不完，就会腐烂、变质。石勒就想了个办法，让人们把面和好后，擀成厚厚的饼，然后切成手指大小的面条块儿，用水煮熟了再上火烤干，这样带起来就方便多了。后来，石勒手下的一个火头军试着用干土磨成粉，用铁锅将干土滚沸后再来炒这个面条，炒出来居然很有特色，不仅携带方便，而且吃起来也香脆可口，特别经过一段时间的食用，还发现了一个重要的药用价值，带着这个食品，无论走多远，只要常常吃一点，士兵就不会出现水土不服、呕吐、腹泻这些不良症状。为此石勒将这个火头军提拔为粮草官，以表对他这项改革的肯定。

后来石勒做了皇帝，对他做皇帝出过力的人和物都加以分封，这个食品也在分封之列，可是，那时它还没有一个确切的名字，叫什么比较合适呢？因为它外形像人的手指，又是用武乡的土炒制的，武乡是他出生的地方，他认为这是上天让这片黄土来扶助他安立天下，于是就给这个食品分封了一个名字，叫作“皇土炒指”。

从此“皇土炒指”这个武乡独有的民间食品就在武乡一带流传下来，并渐渐流传至周边的各县。只是后来为了叫起来顺口，慢慢地，人们省略了“皇土”二字，就称为“武乡炒指”了。

三、食风食俗

炒指所用的黄土，无毒无菌，经过常年光照，还有了一定的药用价值，如今不仅可以当主食或零食食用，对于溃疡和肠胃不适，特别是水土不服的症状也很有效果。其实，水土不服更多的是人们在情感上对家乡的思念。吃一点炒指，勾起的是人们割不断的思乡情，也是那无法忘怀的家乡味道。

四、制作流程

（一）制作原料

制作原料：黄土、面粉、鸡蛋、白砂糖、水。

（二）制作流程

第一步，将鸡蛋打入白糖中，搅拌至砂糖融化。

第二步，将蛋液加入麦质优良的面粉中。

第三步，加水揉面，揉好后盖笼布饧制。

第四步，将备好的黄土锤炼至粉砂细粒，并装箩过滤。

第五步，烧火炒制黄土。

第六步，取揉好的面擀成厚饼，用刀切成细长条，再经过箩筐的整形就制成了生炒指。

第七步，将生炒指放入滚沸的黄土中，反复翻滚直至生炒指失水，干脆，变熟，然后捞出。

第八步，出锅后用筛子筛掉浮土，美味、健脾、解馋的武乡炒指就做好了。

五、成品口味

做好的炒指酥脆可口，可以当零食，也可以当干粮。在吃炒指的时候，有时会吃进一些土，但这种土特别养人，再加上高温加热，可以放心食用。炒指久放不坏，是因为失水干燥的缘故，有点像新疆的烤馕，旅行途中带一些炒指，既能解馋又能饱腹，一举两得。

课后习题

1. 武乡炒指的制作原料有（　　）。

A. 面粉　　B. 水　　C. 牛奶　　D. 黄土

2. “炒指”是武乡民间流传时间很长的一种传统面食制品，因其外形像（　　）

而得名。

A. 树枝　　B. 手掌　　C. 人的手指　　D. 树根

3. 传说武乡炒指是（　）发明的。

A. 李世民　　B. 石勒　　C. 武则天　　D. 李治

4. 简述武乡炒指的制作流程。

5. 简述武乡炒指的成品口味。

知识点4　大阳馔面——汉朝宫廷面

一、地方风物

大阳镇位于晋城市泽州县境内西北部，距离泽州市区 22 千米，东面与泽州县巴公镇相邻，南面与巴公镇陈沟工作站相邻，西面与下村镇相邻，北面与高平市马村镇相邻。大阳镇区包括东大阳和西大阳两个自然村。

“古有阳阿之剑，可陆断牛马，水截鸿雁”，丰富的矿藏资源使大阳古镇成为我国冶铁业的重要发源地之一，威名赫赫的阳阿宝剑就出自这里，大阳古镇还有九州针都的美名；而大阳古镇不仅有冶炼铸造的阳刚豪气还有轻歌曼舞的灵动柔美，从春秋战国到两汉魏晋，阳阿成为蜚声于世的歌舞之乡，“阳阿奇舞”“阳阿薤露”成为大阳古镇的辉煌。

大阳古镇不仅被称为九州针都和歌舞之乡，还被称为“中国古城镇活化石”。大阳古镇拥有规模宏大的明清古建筑群，保持着古城镇的架构肌理，拥有保存完整的古代民居 34 万平方米，体量巨大，是中国的历史文化名镇，还是三晋第一镇。这里有国家级保护单位的古迹，这里有问世四百八十年的宝塔，这里曾经还是古阳阿县县府所在地，2008 年大阳古镇被国家城乡建设部、国家文物局授予“中国历史文化名镇”。

“东西两大阳 ，南北四寨上，沿河十八庄，七十二条巷；九十三个阁，九市八圪垱，上下两书院，老街五里长”的民谣形象地说出了大阳古镇昔日的规模与繁华，漫步在古镇中，城池寨堡、街巷纵横、官宅商居、楼阁津梁比比皆是，一砖一石、一草一木都散发出古镇沧桑的韵味。

二、历史渊源

大阳馔面是山西省晋城市泽州县大阳镇的一种流传很久的传统面食，深受人民的喜爱，相传馔面源于汉朝，原本是宫廷美食，后来流传到民间，成为老百姓办喜事、招待客人必不可少的一种主食。从古到今，大阳人办喜事吃酒席时，不仅吃馔面，还要奏乐，并美其名曰“响鼓酒席”，当新娘和宾客入座后，院子里鼓乐齐鸣，主人先端上来的是馔面，浅浅地盛在瓷碗里。醇香爽口的馔面，红、黄、绿相间的颜色，为婚庆增添了几分祥和。

大阳当地政府成功地把馔面申报为省级非物质文化遗产，现在馔面不仅在喜庆日子里食用，还成为日常生活中人们喜爱的食物。

三、食风食俗

大阳馔面作为大阳古镇的招牌美食，只有在大阳古镇才能做出来，也只有在大阳古镇才能吃到，如同“橘生淮南则为橘，生于淮北则为枳”的道理，到了别的地方，馔面就不是馔面了，就算是大阳古镇周边的行政村也没有吃馔面这个习俗，一碗馔面，成为大阳人家的烙印。

大阳馔面的制作工艺比较复杂，配料讲究。制作好的馔面色泽光亮透明，煮熟滤水后加上高汤配以红、黄、绿相间的菜，再撒上香菜和芝麻，其色、香、味俱全，口感光滑如玉，吃一口便回味无穷，并且依然有宫廷御膳之风韵，可数百人同时就餐。

四、制作流程

（一）制作原料

所需原料：雪花粉 250 克、鸡蛋 25 克、盐 2 克、碱面 1 克、水适量。

（二）制作流程

第一步，把面粉倒入盆中，加入鸡蛋、盐、碱面。

第二步，把所有原料搅拌均匀，慢慢加入水，和成光滑的面团。

第三步，把面团用保鲜膜包上饧发 20 分钟后取出，案台上撒薯粉，将面团放在案台上并在上面再次撒粉。

第四步，用来回按压的方式，均匀地按在面团上面，使面团更加筋道，然后将面坯擀制成 2 毫米厚的大片。

第五步，撒上薯粉，折叠，再撒再折叠后，放在案板上切成 4 毫米宽。

第六步，把切好的面条放在盘子里，水烧开后放入锅中煮熟，过凉配上花菜卤即可食用。

五、成品口味

馔面呈金黄色，煮熟滤水后色泽光亮透明，盛在瓷碗里加上高汤配以红绿菜梗间杂的或荤、素菜，再撒上香菜和芝麻，色、香、味俱全，有宫廷御膳风韵。

馔面的制作工艺比较复杂，配料讲究，风味独特，口味清香，口感光滑如玉，令人回味无穷。

大阳馔面主要原料是面粉和鸡汤。面粉中含有蛋白质、淀粉、脂肪、维生素和无机盐等。鸡汤里含有一些水溶性小分子物质，喝鸡汤主要的功效是益气养肺、调节免疫，还可以预防感冒。

课后习题

1. 大阳馔面是山西省（　　）县的特色小吃。

A. 泽州　　B. 阳城　　C. 陵川　　D. 高平

2. 大阳镇，号称三晋第一镇，国家级历史文化名镇，号称“东西两大阳，南北四寨上，沿河十八庄，（　　）条巷”。

A. 三十六　　B. 四十八　　C. 六十　　D. 七十二

3. 相传馔面源于（　　）朝，原本是宫廷美食，后流传到民间，成为百姓家办喜事，用来招待客人必不可少的一种主食。

A. 夏　　B. 商　　C. 周　　D. 汉

4. 大阳镇拥有北方地区少有（　　）朝代的古建筑群。

A. 唐　　B. 宋　　C. 明　　D. 清

5. 制作大阳馔面的主要材料是（　　）。

A. 高筋面　　B. 豆面　　C. 碱面　　D. 食盐

知识点5　沁州干馍——汉堡的老祖先

一、地方风物

沁州，古代地名，位于山西省东南部，长治市北部，东依太行山，西靠太岳山。境域四周环山，中部平坦。境域属暖温带大陆性季风气候。冬季寒冷少雪，春季干燥多风，夏季炎热多雨，秋季早晚温差较大。隋开皇十六年（公元 596 年）置，大业初废。唐武德元年（公元 618 年）复置，天宝元年（公元 742 年）改名阳城郡，五代仍称沁州，宋时废入威胜军。

《禹贡》冀州之域。春秋时其地属晋，战国时属韩，在秦为上党郡地。今州即汉上党郡之谷远县地也，隋开皇十六年于此置沁州，因州东沁水为名。大业二年省沁州，武德元年重置。

二、历史渊源

沁县干馍是山西省沁县的地方风味小吃，色泽微黄，外脆里香。做法是用温水和面，在案板上反复揉团，用轱辘锤将面擀成碗状，中间着香油调料捏成面饼，放于围有大铁圈的焦炭火上烘烤而成，存放三至五个月脆香味不变。爱吃熟肉、热糕的人，也可把猪头肉或热糕装在干馍内。

隋朝末年杨广荒淫无道，听信谗言，将大臣李渊赶出长安贬为晋阳留守。李渊前脚出长安，贼臣杨林后脚追杀，要将李渊全家斩尽杀绝。追至沁县时，李渊率领儿子和随从人员同杨林浴血奋战，终因寡不敌众，被杨林兵马围困在沁县月岭山上。山下徐村的徐茂公听说后，率领徐村的百姓前去助阵，击败了杨林。李渊奋战几日兵困马乏，饿得晕头转向，徐茂公见此情况急派百姓支锅做饭，可是锅、碗、灶具全被打得粉碎，皆成瓦片。于是徐茂公让大家垒好炉灶，将和好的面团揪成小剂制成小饼贴在锅片上，放入灶中烤成干饼，送给李渊及士兵们充饥。李渊吃后感觉喷香、酥脆，便问徐茂公这叫什么饼子？徐茂公说："此饼无油无盐，是用小火干烤而成的，我看就叫'干馍'吧。"故在沁县、武乡、沁源民间一带流传下来。清康熙三十五年，一品宰相刑部尚书吴王典的母亲进京看望他时，亲自做了很多干馍。吴阁老见母亲带的家乡特产，如获至宝，亲自送"干馍"到后宫让皇后、嫔妃们品尝，食后个个翘指称赞。

干馍是沁县传统名产名吃之一，形状为瘪圆形，中空有芯。其特点是不霉不烂，极耐贮存且不含防腐剂，吃起来香脆可口，越嚼越香。大人小孩四季可食，既是旅途的理想熟食，也是馈赠亲朋招待外地客人的最佳食品。曾多次参加过全省名吃展销。2011 年，沁州干馍制作工艺入选山西省第三批非物质文化遗产代表作项目。

干馍朴素大方，无论外表还是实质，没有一点妖冶妩媚的做作之态。干馍具有浑圆的体态、朴实的外表、简约的内心和丰富的韵味，干馍的个性平和，但胸怀宽广，夹上猪头肉，夹上枣糕，夹上鸡蛋，填充着干馍的自然空间，满足着自己的食欲，似乎这空间是干馍预留下的。所以，干馍有了包容一切的品质。

三、制作流程

（一）制作原料

制作原料：青椒、平遥牛肉、葱花油水、花椒面、小苏打 2 克。

（二）制作流程

第一步，和面。首先把面打成面碎，揉成一团。要求是盆光、手光、面团光。将和好的面放入盆中，醒 20 分钟。

第二步，将花椒面、盐、油放入碗中。

第三步，将和好的面中加入小苏打。

第四步，将面揪成 50 克的剂子，将剂子分为 15 克和 35 克的。

第五步，将 15 克剂子放入花椒水中，擀出 35 克的皮。将芯包入皮中，擀成小面饼。

第六步，将小面饼放入烤箱烤 5 分钟。

第七步，将切好的牛肉丁放入盘中，加入青椒丁、葱花、盐，搅拌均匀。

第八步，将烤好的干馍切开，把牛肉放入馍内。

四、成品口味

沁州干馍以脆而不硬、柔而不韧、嚼而不腻、香而不厌的特点闻名。干馍为面食烤制品，圆形，内鼓中空，色泽焦黄，香脆可口。

干馍的特点是不霉不烂，极耐贮存且不含防腐剂，吃起来香脆可口，越嚼越香。令人称奇的是，干馍存放3~5个月脆香味依然不变，食用时，咀嚼充分，口舌生津，无须饮水而不必担心噎喉。

课后习题

1. 沁县干馍是（　　）的老祖先。

A. 比萨　　B. 汉堡　　C. 煎饼　　D. 馕

2. 沁县干馍制作是用（　　）和面。

A. 热水　　B. 冷水　　C. 温水　　D. 盐水

3. 沁州干馍的历史渊源涉及的人物有（　　）、（　　）、（　　）。

A. 李渊　　B. 徐茂公　　C. 吴王典　　D. 杨贵妃

4. 干馍制作原料有（　）

A. 青椒　　B. 葱花油水　　C. 花椒面　　D. 小苏打2克

5. 简述沁州干馍的成品口味。

知识点6　绵上酥饼——香甜脆酥的上党名吃

一、地方风物

酥饼产自沁源，沁源隶属于山西省长治市，太岳山区，沁河之源，西汉置县。这里是林的海洋、花的世界、药的王国、鸟的天堂。一年四季美景如画，俗称“中国最佳全域旅游创建示范城市”“中国天然氧吧”。“绵上酥饼”是沁源县郭道镇绵上村的特色食品，历经两千六百余年，流传至今。酥饼色泽金黄、层多而薄、酥脆可口。2011年入选山西省非物质文化遗产后，酥饼成为棉上村的一张名片。

二、历史渊源

相传，春秋时期，晋国内乱，晋献公宠妃骊姬欲改立太子，于是引发一系列变乱。《韩诗外传》载：有一年晋献公之子重耳（即晋文公）逃到卫国，食不果腹。为保其命，忠臣介子推“割股奉君”。当重耳知道所食为介子推腿上的肉时，大受感动，称来日做了君王，必将报答介子推。然而，当重耳回到晋国做了国君后，赏赐功臣，却未提及介子推。有人为介子推鸣不平，作诗曰：“龙（指晋文公重耳）欲上天，五蛇（指跟随重耳的五位大臣）为辅。龙已升云，四蛇各入其宇，一蛇（指介子推）独怨，终不见处所”，挂在宫门上。晋文公看后，派人去召介子推，介子推却隐入今介休市绵山中，晋文公便以火烧山。不料介子推终不肯出，与母抱树而亡。传闻昔日火烧绵山之处，横跨今天介休市和绵山脚下的沁源县。在《沁源县志》中也有记载：“明洪武十年，沁源和绵上县合为沁源县。”因此，今沁源县郭道镇伏贵村后介子推墓为忠臣长眠之地也并非全为虚言。

史传晋文公为纪念介子推，将其亡故之日定为“寒食节”，节日当天民众不得生火做饭，要吃冷食，即冷粥干饼，故绵上一带村民多有擅长制作干饼者。据说秦朝末期，刘邦与项羽打仗经过绵上县，当地人将“油酥饼”呈送予刘邦部队，因这种饼子保存久、易携带，深受官兵喜爱。刘邦还专程将绵上厨师请到部队中烤制这种酥饼，作为部队行军打仗中的干粮。

一个酥饼承载了一段历史故事，凝结了几辈人的智慧汗水。从选料、混炼、制剂、延展，到最后上火烘烤，每一个步骤都独具特色。绵上地区的先人在芝麻粉、大饼的基础上，用食油和面，烧饼炉烘烤，饼面上撒芝麻粉，焙成酥软、焦黄、香脆的“绵上大酥饼”。

三、食风食俗

绵上酥饼种类丰富，有大酥烧饼、月饼、肉馅饼、素馅饼等多样形式。酥饼的制作关键在面团的饧制和拉薄，就是将饧好的面团擀扁，再扯成薄如蝉翼的面片卷起，达到层叠千折、外表色泽焦黄、层次分明的效果。绵上酥饼脆而不碎、油而不腻、香满口腹，是老少皆宜的主食，也是旅游者馈赠亲友的佳品。

四、制作流程

（一）制作原料

制作原料有：老面（面粉 100 克、水 65 克、酵母适量）；主面团（面粉 300 克、水 170 克、酵母 3 克）；油酥（低粉 40 克、油 25 克、盐 1 小勺）。

（二）制作流程

第一步，老面、面粉、盐、酵母和水混匀，揉成光滑的面团。

第二步，将揉好的面团发酵至原来的 1.5 倍大。取出发酵好的面团，排气揉圆，分割成 8 个小面团。

第三步，用擀面将面团先擀长，再擀宽，揪起两边拉长。把油酥均匀地抹在拉长的薄片上，卷起，再压扁。

第四步，用擀面杖将面团擀成薄些的圆面片，折叠成半圆后，再将半圆形面片的两边向中间折叠，呈三角形。中间也可包上白砂糖、芝麻仁。用手掌把折叠好的三角形面饼坯压成厚约 1 厘米的面饼。

第五步，全部折叠压好后摆放到烤盘里，静置 5~10 分钟。

第六步，烤箱预热，在饼坯表面刷层油或者水。上下火 200℃，烤 15~20 分钟，烤至表面金黄即可。

五、成品口味

绵上酥饼脆而不碎，油而不腻，满口生香，老少皆宜。绵上酥饼种类丰富，有大酥烧饼、月饼、咸味饼、甜味饼、枣泥饼、肉馅饼、素馅饼等多样形式。酥饼的制作关键在面团的饧制和拉薄，就是将饧好的面团擀扁，再扯成薄如蝉翼的面片卷起，达到层叠千折，外表色泽焦黄厚膨，层次分明。

课后习题

1.“绵上酥饼”是（　　）县郭道镇绵上村的特色食品，历经两千六百余年，流传至今。

A. 沁源　　B. 壶关　　C. 沁　　D. 长子

2.《韩诗外传》载：有一年（　　）之子重耳（即晋文公）逃到卫国，食不果腹，为保其命，忠臣介子推“割股奉君”。

A. 晋献公　　B. 晋景公　　C. 晋成公　　D. 晋惠公

3. 酥饼的制作关键在面团的（　　）和拉薄。

A. 延展　　B. 松弛　　C. 饧制　　D. 发酵

4. 史传晋文公为纪念介子推，将其亡故之日定为“（　　）”，节日当天民众不得（　　），要吃（　　），即冷粥干饼，故棉上一带村民多有擅长制作干饼者。

A. 冷食　　B. 寒食节　　C. 开火做饭　　D. 寒燕

5. 简述绵上酥饼的成品口味。

项目四　舌尖上的山西非遗面点制作技艺

任务一　烤制类非遗面点

知识点1　郭杜林晋式月饼制作技艺——经典的晋式月饼

一、传承公司档案

2008 年 6 月，月饼传统制作技艺（郭杜林晋式月饼制作技艺）被列入第二批《国家级非物质文化遗产名录》传统技艺类，项目编号Ⅷ -163。2019 年 11 月，太原双合成食品有限公司获得郭杜林晋式月饼制作技艺项目保护单位资格。

“郭杜林”晋式月饼是我国北方月饼的杰出代表，据相关资料记载，“郭杜林”月饼制作技艺最早可上溯至清康熙年间，距今已有三百多年的历史。至光绪年间，“郭杜林”月饼已经享誉晋中、太原、大同、临汾等地，并融入传统的中秋节风俗之中，成为地方百姓中秋馈馔之节日佳品。

“郭杜林”晋式月饼经数代技艺人传承，其制作技艺日臻完善。月饼精选原料和辅料，皮面揉制手法与馅料制作技艺独到，米稀上色时机讲究，吊炉形制独特，烘烤火色温度依赖人工控制，窖圈熟藏而使其香味浓郁，感官特色明显，口感上佳。其纯手工制作技艺和口传身授的传承方式，保留着民间制饼业的传统，而“以面为馅”的特殊工艺，具有北方饮食文化的特色。

郭杜林月饼传统技艺的纯手工性质，使它难以机械化大批量生产，其生存空间受到严重威胁。郭杜林月饼制作工艺的口传心授性质，使许多工艺绝技濒临失传。市场经济带来普遍的急功近利的浮躁心态，使得年轻人不愿学习传统工艺，许多依靠实践积累的宝贵经验，面临后继无人的状态。现代文明对传统文化的冲击日趋严重，人们对传统节日风俗的淡忘，对传统工艺的轻视，对地方传统品牌的发展缺乏认识，使郭杜林月饼传统工艺面临极大的挑战。

同时，由于近年来作物种植结构的调整，小麻、白小麦等作物退出农民的种植范围，导致“郭杜林”晋式月饼缺乏所需原料。

多年以来，双合成老字号在继承郭杜林月饼传统工艺、保护产品的原生态文化特征等方面，已累计投入资金几百万元，用于搜集资料、整理档案、建立机构、聘用传承人、培训工艺技术力量以及购买、收藏有关器具实物。从2006年开始，在法人代表赵光晋的带领下，组建了郭杜林工艺技术部，建立了拜师授艺制度和郭杜林月饼传统工艺原生态标准；注重从包装设计上彰显其传统的文化内涵，根据市场需要研发出不同口味、不同文化寓意的郭杜林系列月饼；以鲜明的外观设计与现代包装材质表现郭杜林月饼创始人的古朴韵味，受到广大消费者的欢迎。目前，太原双合成郭杜林晋式月饼传统技艺已被山西省人民政府批准列入山西省第一批非物质文化遗产名录，郭杜林晋式月饼传统技艺的保护与传承已进入新的历史发展时期。

二、历史渊源

我国人民在古代就有“秋暮夕月”的习俗。到了周代，每逢中秋夜都要举行迎寒和祭月仪式。设大香案，摆上月饼、西瓜、苹果、红枣、李子、葡萄等祭品，其中月饼和西瓜是绝对不能少的。时至今日，中秋节美食首推月饼。

中国的月饼以广州和山西的月饼为代表，俗称“南广北晋”。而晋式月饼的代表——郭杜林月饼的起源和发展主要经过了以下几个阶段。

第一阶段：秦汉及之前时期的“胡饼”。

糖饼出现的第一阶段，也就是萌芽阶段，可追溯到秦汉及之前的时期，在那个时候，人们称之为“胡饼”。

相传尧帝时，民间还没有像样的面食。有一次尧帝见谷仓被大雨淋毁倾倒，将其中贮藏的谷物碾砸成粉末，又经雨水浸泡成糊状。尧帝不愿浪费，于是天晴后便将面糊收集起来放在石板上晾晒。结果雨后阳光充沛，石块被晒得发烫，面糊也开始变干、变黄并散发出从未有过的诱人的谷物香味。尧帝试着取下一块品尝，发现味道非常好，于是开始教人们用石制饼——这是中华民族最早对于饼的印象。

自尧帝时期出现饼的吃法后，经过秦汉时期外国商人的交易往来，逐渐引入了以胡桃、芝麻为馅的饼，后在司马彪所著的《续汉书》中，有“灵帝好胡饼”。

而后到了秦汉时期，经过长期的演变，人们的主食开始转变为汤饼和蒸饼。而经过了秦汉时期外国商人的交易往来，逐渐引入了以胡桃、芝麻为馅的饼，也就是“胡饼”。关于胡饼最早的记录是在司马彪所著《续汉书》中的记载，“灵帝好胡饼”。胡饼的主要材料是小麦粉、酥油、芝麻、盐等，经过烤制成为耐饥和便于长时间储存的面饼。经过汉代的引入和与中国文化的融合，胡饼的材料和制作方式也都发生了蜕变，而式样方面也渐渐演变出以馅为主的馅饼。

第二阶段：唐宋时期的“糖饼”。

而后发展至唐宋时期，在这段时期，最初流传于民间的是胡麻饼，这里的胡麻饼，是从西域传入的胡饼的种类之一。胡麻饼是当时流行于民间、大众化的方便食品之一，而以此为基础，宫廷内及官绅阶级对其进行了改良，就成为糖饼。糖饼是胡饼传入山西经过改制后，制作而成的馅饼，馅料大多为豆沙和麦芽糖饴。有着胡人血统的唐朝开国皇帝李渊儿时起就极爱吃糖饼，称帝登基后依然保持着吃糖饼的习惯。因而糖饼也随着李氏王朝的步伐进入长安，选料更加精致，做工更加细化，同时作为宫廷御馔的糖饼被封以红绫，驰誉盛唐。

到了宋代，面饼大多包有馅料，宋代人的这种饮食风尚，引致中国包馅面食自宋以来的极大丰盛。除了原有的小麦面粉、酥油、芝麻、盐、糖等食材之外，更多也被用于制作不同口味的糖饼。

第三阶段：唐宋时期后的发展。

自唐宋时期后，华夏大地历经分分合合，到了清朝，民族融合盛况空前，形成了一个多民族共存的封建大帝国。饮食文化在高度融合的同时，又体现出了丰富的地域性特点，而在民族融合程度较高的山西，这些特点尤为典型。这些外部条件都为后来糖饼向“郭杜林”月饼的演进奠定了基础。

第四阶段：郭杜林晋式月饼的诞生与发展。

以郭杜林晋式月饼为代表的双合成糕点在太原市民中享有久远的声誉，并在太原周边地区以至全省各地产生着深刻影响。据民间口碑和相关文字资料记载，山西郭杜林月饼起源于清康熙年间，距今有300多年的历史。至光绪时，郭杜林月饼已享誉全省各地，并融入传统的中秋节风俗之中，成为深受民众欢迎的节日礼仪食品。

到了清崇德三年（1638年），太原城内一家糕饼铺的郭姓、杜姓、林姓师徒三人专做饼的营生。八月中秋将近，饼铺生意越发红火，师徒三人连日操劳，做出的糖饼却依然供不应求。有一天傍晚，饭后疲惫不堪的师徒三人因酒劲不觉睡去，等到醒来时却发现之前和好的面因为天热已经发酵，不能再做传统的饼皮。郭师傅乘着酒劲，索性领着两个徒弟先尝试将生面和了麻油、饴糖等材料掺入已经发酵的面中，然后再按以前唐饼的工艺进行制作，没想到的是做出的饼比以前做的糖饼更加酥软和香甜。这师徒三人酒后率性改进而成的糖饼一经上市，便立即得到消费者的广泛赞誉，没过几天就引发了抢购热潮，每天前来购买这种饼的人络绎不绝，常常是要排很长时间的队才能买到。

后来，人们为了纪念郭、杜、林师徒三人，便把这种饼叫作“郭杜林”。又因为

“郭杜林”饼的由来多半是师徒三人酒醉后的率性所致，因而人们还为这饼起了个有趣的别名——“醉饼”。“醉饼”虽然并不含酒精，但是每每提及“郭杜林”饼的绵软、醇厚，总使人不禁联想到一股沁人心脾的酒香，可谓饼不醉人人自醉了。这也是为善于酿酒、饮酒的山西人所津津乐道的一件事情了。

1929 年，双合成太原老店迁入柳巷，建成新的糕饼作坊，开启了晋饼新的辉煌。双合成极重视“郭杜林”饼的选料做工，延请了数位正宗饼艺传人，潜心研发制作，使得双合成的“郭杜林”饼冠绝三晋，深受世人喜爱，成为山西人节日馈礼的不二选择。

三、制作流程

郭杜林月饼制作技巧作为非物质文化遗产传统技艺类保护项目，主要有以下制作技艺要点。

第一，制饼技艺：将手工揪的剂子揉圆压扁，中间厚、四周薄，抓馅讲究“一把准”。郭杜林月饼的图案采用水波纹，民间俗称为“鞋底子”。

第二，烘烤技艺：入炉前及烤至微黄后各在饼面上刷一遍糖浆。以阳泉无烟煤吊炉烤制，技师凭双眼观察底火颜色，凭经验测试调节温度，以嗅觉感知香味来掌握烘烤时间。现代逐渐由烤箱逐渐替代，更加准确地把握时间和火候。

第三，储存技艺：采用成品圈放储存记忆技艺，将刚出炉的成品在陶瓷坛罐中存放一个月左右达到最佳口感。若存放条件适宜，且定期翻底，成品储存一年内不会变质。

郭杜林月饼具体制作技巧如下：

（1）制作原料食材：胡麻油、糖浆、小麦粉、桂花酱、芝麻、瓜子仁、青红丝、核桃仁、花生、白砂糖、碱面。

（2）制作流程

在所有制作步骤前，先取蒸笼蒸面，在笼底铺麻纸，继而铺面，面上捅小洞以均匀通过蒸汽，蒸一小时左右，热面成团，生气发散，然后再蒸。

第一部分：面皮制作流程

郭杜林月饼面皮制作时揉面需要控制面的筋度，配合娴熟的手感和敏锐的悟性，整个制面过程，构成了双合成郭杜林月饼制作技艺绝技之一。

第一步，和面用“三七水”，面温 60~70℃，放入碱面，酵面与烫面相结合，后将油糖入面；

第二步，搅拌揉面讲求“阴阳手”，揉面讲究方向和手法；

第三步，用“太极手”将面团按、揉、推成型，放置醒面。揉面要控制面的筋度，保证成品酥绵。

第二部分：馅料制作流程

第一步，制作面馅：将熟面粉、胡麻油、白糖、糖浆、桂花酱和少量白酒融合，把面馅前后推、揉、捏、搓、翻，将面馅颗粒混合均匀。

第二步，制作辅料：拌面馅的同时，将炒好的芝麻、油炸之后的花生、瓜子仁、核桃仁碾碎，混合青红丝拌好。

第三步，将辅料与面馅料混合拌匀擦成馅，擦馅时把拌好的各种原料前后推出去、拿回来反复多次，直到均匀为止。

第四步，将馅料静置，直至充分融合。

第三部分：制饼制作流程

第一步，将和好的热面手工揪剂子，在柳木案板上揉圆、压扁，捏成窝状包入饼馅，收口后揪去面头，保证压入模后上下及周边皮料厚薄均匀。

第二步，揪面剂和抓馅讲究“一把准”，避免饼面过多接触器具而冷却起筋。

第三步，压模：郭杜林月饼的图案，最初由技师妙手点缀，清代中晚期曾流行篆字条纹，被视为郭杜林月饼的特殊图纹记号，后来又改篆字纹为水波纹。

第四步，在饼面上快速刷一遍糖浆，放入烤盘置于烤箱中，将烤箱调制最高240℃，烤制半小时即可。

四、成品口味

“郭杜林”选用山西特有的天然植物为原料：石墨磨制的山西白麦、潞麻的熟制小磨香油、小米制作的饴糖，并采用本地区（种植）的芝麻、核桃、花生、玫瑰等传统配料。小麦粉、面粉、油、糖、熟面、芝麻、花生、核桃、玫瑰等原料的配比数量，历代传承，保证“郭杜林”的醇正溢香。

“郭杜林”晋式月饼形制古朴，口味淳厚，酥绵爽口，以“酥、绵、利口、香甜、醇和”的口感特征著称于世。

酥，是指郭杜林晋式月饼以硬馅为骨架，酥脆可口、久嚼不腻、越嚼越香，且回味无穷；绵，是指郭杜林晋式月饼饼皮以削弱和减少白面的筋道为特殊手法，做出来的月饼口感醇和，入口柔和；利口，是指郭杜林晋式月饼所有配料都以熟面为引，胡麻油为馅，口感甜而不腻；香甜，是指郭杜林晋式月饼给人嗅觉的吸引，月饼经过烘烤，里面所有的配料都会爆发出沁人心脾的清香，香味悠长且浓郁；醇和，是指郭杜林晋式月饼口感独特，香味浓郁，是山西饼文化的杰出代表。

课后习题

1.（　　）年6月，郭杜林晋式月饼制作技艺被列入第二批《国家级非物质文化遗产名录》传统技艺类。

A. 2006　　B. 2007　　C. 2008　　D. 2009

2. 成品圈放储存是郭杜林月饼的特殊工艺，月饼在陶瓷坛罐中存放（　　）左右后，可以达到皮绵、馅酥、香酥一致的最佳口感。

A. 一个月　B.20 天　C.15 天　D.10 天

3. 以下（　）是郭杜林晋式月饼的制饼制作技艺。

A. 控制起筋　B. 水波纹　C. 抓馅一把准　D. 以硬馅为特征

4. 简述郭杜林月饼的制作技艺要点。

5. 请根据郭杜林晋式月饼的历史渊源，简述其所反映出的山西地区的饮食文化。

知识点2　神池月饼——黄土坡上的“一轮明月”

神池月饼是忻州市神池县的著名特产，是山西著名小吃，也是第一批列入山西省非物质文化遗产名录的食品。神池月饼以“香鲜酥甜”的特点，闻名山西乃至陕西、内蒙古一带，深受人们的喜爱。

一、传承公司档案

至 2010 年，神池县成功注册“神池绿宇”“战国”“长祥圆”“民宇常香圆”等 32 个月饼商标，23 家企业获得 QS 认证，“战国”“长祥圆”获得山西省著名商标。全县有 17 家企业的产品获得“山西名点”称号。全县 30 余户企业被县委、县政府评为月饼生产优秀企业，20 多个产品被评为省优和地方优质产品。全县 30 余户企业加入了中国全国工商联烘焙业工会和山西省焙烤协会。

2009 年 4 月 24 日，神池月饼制作技艺被批准为山西省第一批省级非遗扩展项目。申报编号为Ⅷ -12，申报单位为神池县自永和食品厂。

自永和食品厂是神池县义井村吕氏后代吕效忠秉承祖业，结合现代企业模式建立起来的食品厂。明洪武年间（1369 年），吕氏先祖在神池义井村创办了饼面铺，加工并经营月饼、麻花等食品，因食品加工手艺精湛，经营理念诚实守信，食品卫生讲究，深受当地人喜爱，从此几代人延续经营这一生意。自永和食品厂是神池县传统食品厂，该厂多年来一直传承传统月饼加工工艺，继续使用土炉烤制月饼，形成了“自永和”特有的食品文化，该厂厂长吕效忠是老字号“自永和”食品第五代传人，他自幼随父学习饼面加工技术，传承了神池月饼的制作工艺，并对麻花、油食等传统食品进行了深入的研制、开发、生产，先后有 3 个品种被评为优质产品和消费者信得过的产品，2005 年该厂生产的系列月饼被山西省烹饪协会评为“山西名点”。2008 年申报省级非物质文化遗产，2009 年 6 月被正式批准列入省级非物质文化遗产名录，在山西省非物质文化遗产技艺大展上，该厂烤制的“三晋第一大月饼”受到了省委领导和观赏人士的高度评价。

二、历史渊源

在博大精深的中华文化里，“神”是一个被赋予和谐吉祥、普度众生的形象和符号。而在“池”的前边加上一个“神”字，自然彰显与众不同。所以尽管神池县只是晋西北的一个小县，但“神池”却给了人们一个无比广阔的想象空间。神池县城位于晋隅东南部，县城坐落其间一块小盆地中，其四面环山，海拔1500多米，居山西省县城海拔之冠。

神池地名的由来，据说因县城西“有水一泓，出无源，去无迹，旱不涸，雨不盈，鱼藻胥不生，若有神焉”，人称“西海子”。这一泓地波无根无源，颇具神秘色彩，当地人因水为名，才有了神池县美名。神池古来十年九旱，这茫茫的人海古泽，就在百姓的尊崇与敬畏中，形成了美丽的名字。

神池月饼的生产历史始于北朝时期，北齐皇帝高洋带兵在神池修筑长城时就品尝过神池月饼。西魏大将军杨忠（隋文帝杨坚的父亲）镇守神池时最喜爱吃神池月饼。隋文帝北征路过神池也品尝过神池月饼。宋辽大战时神池为辽国，神池月饼被选为贡品。辽祚帝和萧太后驻阳方口托莲台，亦吃神池月饼。明朝末年，崇祯皇帝爱妃养艳姬（宁武三岔村人）经常让三关总兵周遇吉捎神池月饼进宫让崇祯品尝，神池月饼再成贡品。

清朝，康熙皇帝曾经一边吃着月饼，一边想着义井河“骤溢”的神奇，大加赞赏。消息传开，淳朴而深明大义的神池百姓为了表达对征叛的支持，竞相拿出家里储存的月饼献于军中，犒劳将士。将士兵挟“神池月饼”之瑞气宣威噶尔丹，一举平定了这股民族分裂势力，维护了祖国的长久统一。神池月饼从此名扬晋、陕、内蒙古和京、津、冀等地，经久不衰……

三、制作流程

第一步，将高温热水、胡麻油、面粉按照一定比例和在一起备用。

第二步，将玫瑰酱、葡萄干、白砂糖、白芝麻、红糖、胡麻油、橘丁、青红丝、花生仁配料备好。

第三步，将山泉水、胡麻油、面粉和制好后放在炉鏊上烤制一分钟。

第四步，将烤制好的面饼揉碎过筛，并和配料和在一起。

第五步，将馅料包在饼皮中。

第六步，将包好馅的面团放入模具中，压紧、压平，然后再将其从模具中扣出。

四、成品口味

神池月饼具有“皮酥馅香、香味浓郁、松软不腻、久存不变”的特点。月饼甜而不腻、酥而不散、久放不馊、皮薄酥脆，馨香扑鼻。用料以当地特产胡麻油、上等白面、食糖为主料，以玫瑰、青红丝、核桃仁、花生米、葡萄干、芝麻等为辅料，采用传统配方、现代工艺精制而成。纯手工“打造”的神池月饼，用当地盛产的胡麻油、600 米深的岩溶水，将小麦粉拌胡油食糖为皮，胡油和玫瑰为馅，桃子果脯为辅，葡萄干、芝麻为作料，经过“打”“炉”等 12 道工序，焙熟出炉，贮存于瓷瓮中，备时节之需。神池月饼之香，其最大配方就是纯天然作物——胡麻。其生长周期短、抗寒耐瘠、喜低温的特点，正适应了神池县无霜期短、土地贫瘠、高寒风沙的自然条件，成为当地百姓赖以生存的作物之一。

神池县特产的胡麻是神池月饼的主要原料之一，有“久放不沉淀，生食无杂味，炸食烟雾小，上色快，味道清香，色泽透明”等特点，胡麻含有丰富的油酸和亚油酸，是人体中不可缺少的营养素和生理上必需的脂肪酸，胡麻种皮中含有大量的亚麻木酚素类化合物，可增强免疫力，久食可预防高血压、血管硬化等疾病。

课后习题

1. 神池月饼之所以味道独特，与它的用料是分不开的，不仅有神池的水、特殊的烤制过程，还需要有当地特有的（　　）。

A. 胡麻油　　B. 芝麻　　C. 花生　　D. 面粉

2. 神池月饼具有（　　）口味。

A. 皮软馅香、香味浓郁、味甜不腻、较难保存

B. 皮酥馅香、香味浓郁、松软不腻、久存不变

C. 皮软馅香、香味浓郁、味甜不腻、久存不变

D. 皮酥馅香、香味浓郁、松软不腻、较难保存

3.（判断题）神池月饼使用的胡麻含有丰富的油酸和亚油酸，是人体中不可缺少的营养素和生理上必需的脂肪酸，胡麻种皮中含有大量的亚麻木酚素类化合物，可增强免疫力，久食可预防高血压、血管硬化等疾病。（　　）

4.（判断题）神池月饼历史源远流长，不仅深受百姓们喜爱，也受到了许多文人墨客的赞颂。（　　）

5. 神池月饼口味较独特，受到百姓们的喜爱，其需准备哪些制作原料？

知识点3　太谷饼——晋商名吃糕点之王

一、传承公司档案

山西鑫炳记食业股份有限公司创建于1992年，于2011年扩大规模、喜迁新址，新址位于太谷县的中国历史文化名村——北洸村，历史古迹三多堂旁边，交通便利，游客众多。2017年10月，“鑫炳记太谷饼传统制作技艺”被列入山西省非物质文化遗产名录传统技艺类。

“鑫炳记”由第一代创始人李恒钰于1859年创立，迄今已经传承至第五代。改革开放后，李家在继承传统工艺的基础上，大胆创新，引进先进技术和生产设备，建立太谷饼博物馆和新的生产基地，让百年太谷饼焕发新的魅力。

“鑫炳记”第五代传承人李俊伟出生于1987年。2011年，24岁的李俊伟从父辈手中接过历代传承的产业太谷县老字号“鑫炳记”，同时也接下了“鑫炳记”祖辈相传的经商家训。他将现代化的生产工艺融入传统的配方中，但始终遵循“古方、料准、艺精、诚信”的原则，把食品安全作为企业发展的重中之重。

李俊伟于2011年成立了太谷县鑫炳记食业有限公司，率先对生产工艺、产品包装及商标注册进行创新。他请了专业人士设计了既简约时尚，又能凸显太谷饼特色的包装及商标。李俊伟认为，太谷饼作为一个地区的特色食品，很多时候被作为旅游伴手礼赠送于人，所以包装上要体现出地方特色，还要便于携带，于是设计了礼盒装和易拉罐装。

2015年，“鑫炳记”网上销售飞速发展，过去“鑫炳记”太谷饼仅在省内及周边省市销售，2015年时已销售到了港、澳、台等地区，目前“鑫炳记”公司的系列产品已经占领了太谷县一半以上的市场。未来“鑫炳记”将在李俊伟的带领下越来越好。

二、历史渊源

太谷县位于山西省中部，地处晋中盆地，始建于西汉，文化商贸发达，与祁县、平遥共同成为闻名遐迩的晋商故里，境内有诸多晋商大院遗存，以曹家大院和孔祥熙宅院为其代表。

太谷饼是山西省传统名吃，因产于太谷县而得名，始于清代。太谷饼具有甜而不腻、酥而不碎、味美鲜香等特点，太谷饼的产生和盛行都与明清太谷商业经济的发展有直接关系。太谷饼原名油甘饼，是以晋商故里太谷县名命名的名优食品，创始于清咸丰年间，迄今已有150余年的历史。

相传在明末清初，太谷县城东南的沟子村有一富家太太，经常在夜里想吃饼子。

可对佣人们从城里买回的各种面饼，她不是嫌油腻难吃，就是嫌干硬难嚼。这可难坏了她家的佣人。消息传到县城一家烧饼铺里，掌柜为了做成这笔生意，特地让铺子里的老师傅设计出了一种甜饼。这种甜饼是由白面、白糖、芝麻油和鸡蛋清做成的炉烤实心饼，直径约 12 厘米，中间厚约 3 厘米，其表皮色呈茶黄，上面还粘有脱皮的白芝麻。谷饼送到阔太太府上后，颇受青睐，于是诞生了享誉后世的太谷饼。

后来太谷饼被深居宫廷的慈禧太后发现，将其定为宫廷贡品，更让太谷饼身价陡增。另一说在清咸丰年间，太谷城东南沟子村，有位姓张的人以开饼面铺为生。他看到太谷县商贾云集，经济繁荣，富豪大户们贪图享受，就苦思冥想，反复试验，制成了一种“甘饼”，受到有钱人的欢迎。这种“甘饼”用料讲究，烤制技术特殊，吃起来香酥甜软，很快即远近闻名。

对于制作太谷饼的原料，当地有一个流传至今的口诀：“临汾麦子白又筋，北路胡麻香半城，太谷家的打锣锤（即谷子），熬成米稀灵味浓，难得广西洋冰糖（即白糖），最好永济白芝麻。”太谷饼辅料重，主辅相当，民间流传一斤面粉需出二斤太谷饼（另有一斤辅料），否则就是假货。

时至今日，酥软香甜的太谷饼已然从当年的高档点心变成了物美价廉的大众美食，老百姓随时随地都可以吃到。

三、制作流程

太谷饼现代和传统制作工艺有所不同，首先学习一下太谷饼的现代制作工艺。

（一）现代制作工艺

1. 制作原料

塞北胡麻油、广西白砂糖、糖稀、蜂蜜、脱皮白芝麻仁、小麦粉、碱面、小苏打。

2. 制作流程

第一步，把胡麻油和小米稀倒在白砂糖中并充分搅拌，然后倒入蜂蜜，搅至砂糖融化。

第二步，加入小苏打与碱面，然后开始和面（和面过程中不可用力揉搓），和匀即可。

第三步，面团调制好后，将面团分成大小相同的面剂。

第四步，面剂揉圆至表面光滑后，将芝麻均匀地沾满整个饼面。

第五步，最后制成一个个圆度适中、厚薄均匀、大小一致的面饼。

第六步，烘烤制作是太谷饼的关键所在，太谷饼要分两次上下火烤，先将带芝麻的一面朝下，均匀摆放在烤炉内，烘烤三分钟，面饼表面呈现微黄色后，翻面关闭烤炉盖，焖至烘烤约八分钟后即可出炉。

太谷饼的传统制作工艺更为复杂。

（二）传统制作工艺

1. 制作原料

所需原料：面粉、小米、大麦、白芝麻、白糖、胡麻油、蛋清、水。

所需工具：石磨、细箩、碾子、瓮、箩筐、泥煤、铁锅、木杖、铁铲、铁锹、铁耙、石臼、木槌、簸箕、擀面杖、油案、盘子称、吊炉、鏊子、鏊圈、炭火、扫帚。

2. 制作流程

第一步，磨制面粉备用。将小麦用凉水淘洗，然后用石磨磨制，保证面粉的细腻及香味。之后用 160 眼的细箩筛面，“太谷饼”用面只取其前六成（太谷当地叫作“头六面”）。

第二步，将小米蒸熟，为米稀的制作做准备。将优质小米浸泡 10 小时左右，使其充分膨胀、变软。待锅中水开后，小米上屉，大火、敞锅，用铁锹不时地上下翻动，利用蒸汽使小米均匀受热，将其蒸熟。

第三步，芝麻脱皮。白芝麻用水浸泡 15 分钟，膨胀后，使芝麻皮与芝麻仁充分脱离，后捞入石臼，用木槌反复敲砸去皮，再捞入铁锅，用小火炒至色泽微黄，香味溢出。后用簸箕簸去芝麻皮备用。

第四步，发面。将面粉十成水四成，倒入发面瓮按顺时针搅拌，后盖严进行发酵。

第五步，和面。取发酵好的面团少许，按先后顺序加入辅料胡麻油、米稀、白糖、蛋清，朝一个方向搅拌均匀，使其互相渗透。然后加入主料白面及少量的水。在瓮内朝身体方向拢，成糊状且没有干面时捞出。

第六步，揉制。由熟练工人揉面成团，轻轻揉制成圆形，用手抓住中间部分迅速蘸上已经准备好的脱皮芝麻仁，最后将其擀圆。

第七步，烫面翻烤。将烤炉升温，鏊子上刷少许胡麻油防止煳锅，待油温三成热时，由炉工将饼坯芝麻面朝下均匀摆放在鏊子上，俗称烫面，使芝麻仁嵌入饼坯。饼坯的摆放要求从外观上横竖成行。摆放完毕后，不盖炉盖，在中温下烘烤 2 分钟，使烫过的饼坯表面光滑。颜色呈现微黄后，烫面工序完成。紧接着按照先进先翻的原则，立即用铁铲将饼坯翻转过来，完毕后，将炉盖放下，使上下炉盘吻合，上烘下烤。15 分钟后，饼面呈现棕红色，饼面微鼓，烤制即可结束。

第八步，冷却入瓮。太谷饼出炉前，应先开启小缝，用扫帚将上炉盖边缘的蒸发水分去掉，防止污染产品。出炉后将其置于面案冷却。再将饼子码入瓮中，然后用草盖盖严，防止饼子变硬、变质。

四、成品口味

太谷饼的外形呈圆形，直径约在 12 厘米，厚度约 3 厘米，边与心厚薄均匀，表皮为茶黄色，粘有脱了皮的芝麻仁，其色泽均衡，甜而不腻。太谷饼在选料上很有讲究，选用上好的面粉、白糖、食油和糖稀、芝麻为原料，水的比重极小。

太谷饼吃起来酥软至极，馨香怡人，酥而不碎，风味纯正，营养丰富，久放绵软。

太谷饼所用食油选用山西北部优质熟榨的胡麻油。胡麻籽是自然界亚麻酸含量最高的物种，具有降血压、降血脂、预防冠心病、预防心血管疾病的作用，还含有较多的木酚素，可有效预防糖尿病和肿瘤的增长。

课后习题

1. 太谷饼的特点是酥软至极、馨香怡人、色泽均衡。其外形都呈圆形，直径约（　　）厘米，厚度约（　　）厘米。

A. 2　　B. 3　　C. 13　　D. 12

2. 太谷饼是山西省传统名吃，因产于太谷县得名，其始于（　　）。

A. 唐代　　B. 明代　　C. 宋代　　D. 清代

3. （判断题）酥而不碎、营养丰富、甜而不腻是太谷饼的特点。（　　）

4. （判断题）太谷饼制作中，水的比例极高。（　　）

5. 太谷饼中的胡麻油对人体的营养功效有哪些？

知识点4　福同惠南式细点——面案上的“花”

一、传承公司档案

山西省运城市福同惠食品有限公司，简称福同惠，前身是运城市福同惠食品大楼，地处“关公故里”，运城市区繁华地段，距今已有二百多年的历史，是“中华老字号”企业和“中当代名商”，主要经营糕点生产（八大系列 538 个品种）、食品馅料加工和副食品销售（3000 余种）。“福同惠”牌糕点在晋、陕、豫等地享有很高声誉，畅销华北、西北等地，堪称“山西八大名点”之一。

福同惠 2002 年 6 月荣获“全国商业联合会优质服务月活动先进集体”，多次荣获“山西省诚信单位”“山西省职业道德建设先进单位”“山西省工商系统百家企业打假维权先进单位”，“福同惠”牌商标三届蝉联“山西省著名商标”。产品获一个部优，一个“中国特色糕点”，一个全国食品博览会金奖，五个省优、部优、八个省厅最佳产品等。

福同惠拥有先进的生产设备和高素质的员工。如今又投资引进国内自动化程度极高的新型月饼生产线，从皮面的制作、馅料定量、包捏到压模成型。各个工序形成流水线作业了，大大改善了月饼皮馅结构，提升了产品科技含量，具备年产 600 吨产品的生产能力。同时，从原料采购、严格选料、认真配料到精细生产、成品入库以及包装出厂，实现了全过程标准化管理，2002 年在当地率先通过 ISO 9001：2000 国际质量管理体系认证，标志着福同惠的产品质量已达到国际先进水平。“质量第一、信誉至上”是他们的经营理念，认真践行“以顾客需求为导向，提供精品糕点”的质量方针和承诺，始终如一地为顾客创造物超所值的产品，提供尽善尽美的服务。

博采众长的企业文化，协作共进的团队精神，赋予了福同惠人开拓创新的胆识和智慧。面对 21 世纪的机遇和挑战，福同惠将秉承传统、与时俱进，提升品牌形象和综合竞争力，打造精品名牌，创造精彩未来。

二、历史渊源

运城南式细点是从我国南方引进的，迄今已有三百多年的历史。长期以来，经过发展演变，其成为运城的独特名产。它外形美观，层次分明，具有酥、松、甜、香等特点，成为山西八大名点之一。

据记载，清朝中期，有个叫吴耕云的人在运城做候补道台，但因当时现任道台一直未离任，因此他无法上任，官不能做，又没有俸禄，迫于生计，便从家乡苏州请来几位糕点技师，开了个铺子，店名叫“长春载”，专做南方细点，自产自销。清乾隆年间，在“长春载”制作南方细点的糕点师吕楚清辞去“长春载”职务，在现运城解放路西侧开设了“福同惠”杂货店。“福同惠”店的本意是本店的东家、掌柜和工人有福同享。他们勇于创新，善于经营，并吸取南方点心的优点，结合当地口味，不断改进工艺，创制出具有独特风味的细点。

“福同惠南式细点”造型逼真，色鲜味美，闻则心旷神怡，尝则满口生香。细点每斤 4 款 12 块，象征一年四季 12 个月，每块一个花色代表一个美好祝愿。南式细点区别于山西其他糕点的突出之处就在于“细”：加工精细、成品细腻。在工艺上，也分得较细，有油炸、挂浆、烘烤三大类，包括菊花酥、百合酥、翻毛酥、天鹅蛋酥、糖圆、麻圆、灯笼、三刀、双十字等三十八个品种。

福同惠糕点是当地百姓婚丧寿诞、探亲访友、逢年过节、看望病人的首选，人们不仅一饱口福，还以期沾福受惠。在过去那个年代，八块形态各异的精致细点装在敞口的单片硬纸盒里，麻纸包裹后覆上红色印有“福同惠南式细点”字样的油纸，再用纸绳十字捆扎，虽是简装却诱人无比，一种独特的甜味就烙印在了一代又一代河东人的味觉体验中。如今提起来，还是很多运城人儿时的记忆，而这家老字号的店铺，也是一代代河东人的甜味回忆。

三、制作流程

（一）制作原料

精面粉、绵白糖、植物油、蜂蜜、麻仁、青红丝、核桃仁、玫瑰酱。

（二）制作流程

第一步，面粉筛选后，用刮板在中间打一个窝，加入100克精炼猪油，再加入250克水，充分搅拌。

第二步，面皮擀好后，从中间向四周将面皮卷起来。

第三步，将红、白两块面团分别包好油酥后，擀成面皮。

第四步，将卷好的红、白面脐儿向上并列放置，并把表面擀平。

第五步，在表面抹少许水，将红白面重叠。

第六步，在包馅的时候，红面在里面，白面在外面。

第七步，刻花时，用刀片在其腰部环形刻三刀，并微微向上翻。

第八步，将面皮放入糖浆中，均匀翻滚后捞出。

第九步，用热油炸8~10分钟，即为成品。

四、成品口味

炸制好的南式细点，花瓣层次分明、含苞待放、色泽艳丽、清亮典雅，给人以视觉美感，品尝起来更是味蕾的享受。

课后习题

1. 福同惠南式细点是哪个地方的独特名产？（　　）

A. 晋城　　B. 运城　　C. 临汾　　D. 大同

2. 清乾隆年间，在“长春载”制作南方细点的糕点师吕楚清辞去“长春载”职务，在现运城解放路西侧开设了名为（　　）的杂货店。

A. 福同惠　　B. 稻香村　　C. 双合成　　D. 知味观

3. 福同惠南式细点是从我国南方引进的，迄今已有（　　）年历史。

A. 500　　B. 400　　C. 300　　D. 200

4.（多选题）福同惠南式细点在工艺上，也分得较细，有（　　）、（　　）、（　　）三大类。

A. 油炸　　B. 挂浆　　C. 烘烤　　D. 蒸煮

5. 简述福同惠南式细点的历史渊源。

知识点5　清徐孟封饼——财主逼出的新花样

一、传承人（公司）档案

清光绪十年（1884 年），被称为饼圣的孟封饼创始人赵晋山，成立字号“昌发祥”，开设专营孟封饼的饼铺，前后传承五代：

第一代，1884 年，清光绪十年，赵晋山；第二代，1911 年，清宣统三年，赵青；第三代，1932 年，民国 21 年，刘玉宽；第四代，1952 年，中华人民共和国成立初期，车兴；第五代，1979 年，十一届三中全会后，车四维。

2011 年 6 月，“清徐孟封饼制作工艺”被列入山西省非物质文化遗产名录传统技艺类。

1999 年正式注册“孟封”牌商标，2000 年建立太原市昌发祥食品厂，2004 年组建太原市昌发祥食品有限公司，2008 年实行股改扩大经营。2010 年的扩股经营快速扩张，对于昌发祥公司是一个历史性跨越，目前昌发祥已成为山西规模最大的正宗孟封饼生产基地。

从 2009 年 4 月到 2012 年 6 月，其传统制作工艺经历了从县级非遗到市级、省级非遗的“三级跳”，孟封牌商标也荣获“山西省著名商标”荣誉称号；昌发祥食品有限公司也先后荣获“社会公认信誉单位”、“山西诚信单位”“山西守合同信用企业”“山西省兴村富民创新企业”“山西省农业产业化省级重点龙头企业”等荣誉称号。

二、历史渊源

清徐，古称梗阳，始建于春秋，隋开皇十六年即 596 年设置清源县；金大定二十九年即 1189 年在清源县东部设置徐沟县；1952 年 7 月，清源、徐沟两县合并，取两县县名首字，称为清徐县。

清徐县有三种味道闻名于三晋，分别是酸、甜、香。酸是闻名全国的山西老陈醋，清徐县是山西老陈醋的发源地，素有“醋都”之称，2006 年山西省清徐县申报的“清徐老陈醋酿制技艺”入选为第一批《国家级非物质文化遗产名录》；甜是香甜可口、种类繁多的葡萄，清徐是全国葡萄产地之一，素有“葡乡”之称；香是口感香酥、绵软清甜的孟封饼，清徐孟封饼口感筋道爽口，与其他烤着吃更酥脆的饼子不同，孟封饼凉着吃更美味，特别适合天气稍暖时食用，凡品尝过它的人，无不称其为饼中佳品。

孟封饼始创于清光绪十年，相传当时孟封镇南里旺村有个冯财主，雇用孟封人赵晋山为厨，赵师傅厨艺高超；某年腊月，冯财主提出本月饭食要顿顿不重样，赵师傅技穷艺尽之时，不慎碰翻了面案旁的油篓，情急之下忙把油收到面缸中，加糖后揉面准备制饼，不料由于油性过多，面团稀散难成饼状。无奈，赵师傅用勺舀面团成块，盖上吊炉烘烤，出炉后冯财主一家人食之，赞不绝口，因为没有吃过这种美食随即问这是什么饼，赵师傅随口答曰：锅块。

后来赵晋山师傅回到孟封镇专以做该饼为生；当时孟封镇集市贸易兴旺、客商甚多，此饼味美之名不胫而走，成为远近闻名的佳品，经多次改进后品质更佳，其色泽棕黄，表面撒上芝麻，食之香、酥、甜、软，因产自孟封镇，大家都称之为“孟封饼”。

还有另一典故，相传清光绪二十六年，八国联军攻陷北京，慈禧太后与光绪皇帝逃出紫禁城，沿京西大官道逃往西安避难，途中路经孟封镇，口御取孟封饼三担，食之去病解忧，特封孟封饼制作名厨赵晋山为“饼圣”，并为赵晋山的“昌发祥饼铺”题词：“世间无此饼，天下有名铺”；当时光绪皇帝也称赞曰：“融合油面糖精华，凝聚金银玉神韵”，“天下第一饼”由此传播开来。

三、制作流程

第一步，首先盆里放入面粉 200 克，泡打粉 1.5 克，白糖 10 克，酵母 3 克，胡麻油 20 克，分次加 100 克温水，和成面团，等待发酵。

第二步，另取 50 克胡麻油加热，放凉，倒入 100 克面粉拌匀，加 20 克白糖。

第三步，和成油酥面，等水油面团发至 2 倍大。

第四步，把发面团和油酥面团各分成 2 份，取一份发面团按扁，包住油酥面团，并擀开顺长卷起。

第五步，把卷好的面从中间顺长切开，盘成饼坯，摆入烤盘，刷蛋液，撒芝麻，静置发酵 15 分钟，放入烤箱中下层，烤箱预热 180℃，上下烤，定时 16 分钟。

第六步，烤至孟封饼表面金黄即可。

四、成品口味

正宗的孟封饼色泽金红、呈圆块状，起初称为锅块后改名为孟封饼，后来经改良也有用螺旋方法制作出的孟封饼，制作好的孟封饼麦香四溢。孟封饼香甜可口，气味清新，甜而不腻，且越凉越好吃。孟封饼的主要原料是面粉和食用油，面粉中含有蛋白质、淀粉、脂肪、维生素和无机盐等，食用油不仅能够供给人体热能及必需的脂肪酸，并且在烹调过程中，改善食物的感官性质，使食物种类多样化。

课后习题

1. 孟封饼是山西省（　　）县的特色小吃。

A. 清徐　　B. 阳曲　　C. 娄烦　　D. 古交

2.（　　）年 7 月，清源、徐沟两县合并，取两县县名首字，称为清徐县。

A.1951　　B.1952　　C.1953　　D.1954

3. 孟封饼创始于清光绪（　　）年。

A. 七　　B. 八　　C. 九　　D. 十

4. 孟封饼创始人是（　　）。

A. 赵晋山　　B. 郑宝成　　C. 李宝才　　D. 杨奇山

5.（多选题）清徐县有三种味道闻名于三晋，分别是（　　）、（　　）、（　　）。

A. 酸　　B. 甜　　C. 香　　D. 辣

任务二　炸煮类非遗传统小吃

知识点1　闻喜煮饼——鲁迅送友人的点心

一、传承公司档案

山西闻喜永祥和煮饼食品有限责任公司位于闻喜县城西工业园区，占地 13000 余平方米，是集科研、生产、销售为一体的农副产品加工企业。2009 年被政府确定为中国非物质文化遗产——闻喜煮饼制作技艺的生产和传承单位。2012 年被运城市政府确定为非物质文化遗产保护示范基地。公司在传承中有三位员工被省政府确定为闻喜煮饼制作技艺省级传承人。永祥和事业开创于明末清初，历久弥新。历经“同顺佬店”“永祥和店”“合记诚意祥店”“双盛合记诚意祥店”“闻喜国营食厂”“永祥和厂”“祥运公司”“闻喜县永祥和煮饼食品有限责任公司”八个阶段，历时 370 余年。

多年来该公司全心致力于产品的品质提升，研制开发和海外推广。结合现代人“愉快、现代、时尚、健康”的消费理念，在继承传统工艺和配方的基础上，率先推出具有天然、低糖、营养等特点的系列产品；首家采用先进充氮保鲜包装技术，从根本上解决了闻喜煮饼“食用周期短”的缺点，也避免了产品在流通流域的二次污染。保存期的延长，大大拓宽了远销渠道，使海内外的消费者都能品尝历史名点闻喜煮饼。

永祥和公司为发展当地农业产业化做出了积极贡献，产品被山西省食品工业协会授予“山西放心食品”，运城地区消费者协会授予“推荐产品”。

二、历史渊源

闻喜煮饼选料讲究，工艺精细，许多工序的操作都是凭借历代师傅口传心授的经验积累而成，至今一些关键的工序仍需手工完成，其中凝聚了数百年来工匠的智慧，是宝贵的非物质文化遗产。

闻喜县在春秋时期属晋国曲沃，秦时改名为左邑，西汉年间汉武帝外巡途经此地，闻平南越大捷，遂将此地改名为“闻喜”，并一直沿用至今。闻喜历史悠久，宰相门第不仅有裴家，还有一河之隔的赵家，在历史上也出了数位宰相，其中就有“南宋贤相之首”的赵鼎。有句民谣这样唱道：“山东出将，山西出相”，而闻喜县被称为宰相之乡，正如司马光所言：“闻喜士大夫之林薮也！”

虽然闻喜煮饼已有三千年的历史，是中国糕点之祖，但知道的人却不多。最初它是军队出征时带的一种干粮。3000多年前，周武王伐纣，商朝太师闻声出征应战，兵至古唐（山西省南部翼城一带，古称唐国），为了减少埋锅造饭的次数，缩短进兵时间，闻仲设计了一种用饴糖与炒熟的谷粉掺粘起来做成的糖饼，风干后作为士兵的干粮。这种糖饼口感好，便于携带，宜存储，热量高，很适合行军作战，可以说是煮饼的雏形。此后，民间效仿这种糖饼，不断改良。2000多年前汉武帝曾将此地更名为“闻喜”，后当地这种独特的饼也随之改名叫“闻喜饼”。

据记载，煮饼在明末已有名气，远销天津、北京、西安、济南、开封、太原、成都、广州等城市，闻名全国。而后，发展至清朝，据记载，康熙皇帝巡行路经闻喜时，闻喜官绅为迎接圣驾，遍选名师设宴。席间，皇上觉得其他菜肴都淡而无味，唯有煮饼滋味独特，余味绵长，不禁喜问其名，众官搜索枯肠，都想取一个吉利的名称来讨皇上高兴，但因皇上猝然发问，不免一时语塞，无言以对。皇上见此情状不觉笑说：就叫煮饼吧。于是康熙皇帝命名的闻喜煮饼就此声名大噪并流传至今。

煮饼曾经被列为皇家贡品，名扬九州、蜚声海内外。在陕甘宁等省的一些边陲重镇，煮饼更是久享盛誉。历史上闻吉城内的“诚意祥”号所制煮饼尤为出众，且最有名气。鲁迅先生在其小说《孤独者》中有“我提着两包闻喜产的煮饼去看友人”的字句。可见在民国时期的礼品市场中，闻喜煮饼已闻名遐迩了。

在晋南的方言中，不说油“炸”，而说“煮”。闻喜饼多了油煮的工艺，应该是在油料大量生产之后。根据记载，中国的榨油技术在北魏时期就已出现，到了唐代，这种珍贵的物资还不是普通人家能享用的，而当时山西南部经济富庶，又盛产许多适合榨油的大麻籽，榨油作坊大量出现。这时有人做闻喜饼时，试着把饼放到油锅中“煮了煮”，结果“煮”出来后味道很好，而且更加耐储存，闻喜饼也被称作“闻喜煮饼”。

三、制作流程

（一）制作原料

面粉、芝麻、糖、香油等。

（二）制作流程

经过制馅、制坯、油炸（煮）、冷却、上汁、粘芝麻等多道工序加工而成。

第一步，制馅。馅料有木糖醇、五仁、蓝莓、绿豆、白莲、板栗等几种口味。

第二步，制坯。将面粉上蒸笼蒸熟，晾干，搓碎，再掺入饴糖（又称糖稀）、蜂蜜、香油、红糖，放点清水、苏打粉及生面粉，将原料搓揉成面团。

第三步，油炸（煮）。锅内加入香油，加热。把面团揪成小的面剂，先用手把面剂揉成鸽子蛋大的圆球，然后在水里蘸一下，沥干水分。将面剂投入油锅中，中火炸 3 分钟左右，外皮呈枣红色时即可捞出。

第四步，冷却。将炸好的面团放在案板上冷却。

第五步，上汁。锅内放入蜂蜜、白糖、饴糖，熬制 10 分钟制作蜜汁，待能拉起长丝则成。将冷却的煮饼放入蜜汁内浸 2 分钟左右，捞出。

第六步，粘芝麻。放入熟芝麻仁中翻滚，使芝麻仁均匀地粘在煮饼上。

四、成品口味

闻喜煮饼是一种油炸的点心，形似圆月，外皮粘满白芝麻，掰开两半，外皮可拉出 3 ~ 6 厘米的金丝，吃到嘴里，酥沙松软，不皮不黏，甜而不腻，食后回味有一种松柏的余香。手感松软有弹性，压陷处可恢复原状。闻喜煮饼的传统馅料多以红、白糖和蜂蜜为主，现在却开发出了红豆冰沙、栗蓉雪芙、花生雪芙、麻仁原香、木糖醇五仁等多种口味。

品尝时不皮不黏，甜味纯正，酥沙而不腻，带有芝麻芬芳，越嚼味越浓，余香不尽，存放百日，色、香、味不变。

闻喜煮饼采用优质小麦粉、甄选芝麻、食用棉籽油、白砂糖精制而成。小麦粉富含维生素和钙、铁、磷、钾、镁等矿物质，有养心益肾、健脾润肠、除热止渴的功效。食用棉籽油可补血养血、补气益气、增强记忆力、开胃消食、除皱、养颜、抗衰老、助发育。

课后习题

1. 闻喜煮饼是一种（　　）的点心，形似圆月，外皮粘满白芝麻，掰开两半，外皮可拉出 3~6 厘米的金丝，吃到嘴里，酥沙松软，不皮不黏，甜而不腻，食后回味有一种松柏的余香。

A. 水煮　　B. 油炸　　C. 先炸后煮　　D. 先煮后炸

2. 闻喜县在春秋时期属晋国（　　），秦时改名为左邑，西汉年间汉武帝外巡途经此地，闻平南越大捷，遂将此地改名为“闻喜”，并一直沿用至今。

A. 侯马　　B. 曲沃　　C. 临汾　　D. 襄汾

3. 虽然闻喜煮饼已有（　　）年历史，是中国糕点之祖，但知道的人却不多。最初它是军队出征时带的一种干粮。

A. 1000　　B. 2000　　C. 3000　　D. 4000

4. 闻喜煮饼形似圆月，代表“团团圆圆”；蜜丝之长，寓意“情意绵绵”；芝麻之多预示“多福多寿”，有着祥和美满的文化内涵。在（　　）等民俗活动中广泛使用。

A. 祭祀　　B. 婚嫁　　C. 建房　　D. 乔迁

5. 简述闻喜煮饼的制作流程。

知识点2　寿阳油柿子——老寿星的小柿子

一、地方风物

油柿子是山西省寿阳县独具风味的传统名吃，也是当地人逢年过节、迎亲送友的必备佳品。油柿子是老寿星传说所衍生的食品，是中华民族关于寿文化的重要载体，因此油柿子也是寿文化遗产的典型代表。

寿阳，顾名思义，就是寿水之阳，地处太行西麓、晋中盆地东北边缘。因气候寒冷，年平均气温低，素有冷寿阳之称。全县总面积达2116平方千米。

寿阳县地处黄河流域，有着悠久的历史和灿烂的文化，也是传说中“南极仙翁老寿星”的诞生地。2007年，经中国民间艺术家协会组织专家考察论证，特别授予寿阳为“中国寿星文化之乡”和“中国寿文化研究基地”荣誉称号。寿阳寿星文化融汇了儒、佛、道三家之精华，其悠久厚重的深刻内涵，体现了博大精深的文化底蕴。

今天的寿阳县不仅流传着大量与老寿星南极仙翁有关的传说和歌谣，还保存了寿星洞、寿星桥、万寿阁、寿星祠等大量的传说遗迹，并保留了许多古老而独特的与寿星相关的风俗，这些共同构成了寿阳县以寿星神话传说和遗迹为核心，以民间寿星工艺品制作、寿星祭祀仪式为载体，以弘扬忠孝慈善为主旨的寿星文化大观。

二、历史渊源

今天介绍的油柿子，和老寿星的传说有关。老寿星是中国人民创造出的，赋予美好长寿愿望的人物。“老寿星”刚生下时十分羸弱，到12岁才会说话、走路，家里人很疼爱他。那时，寿阳漫山遍野都是柿子树。柿子成熟之际，吃上一口，如吮蜜吸糖一般清凉爽心。“老寿星”从小嗜柿如命，直接把柿子当饭吃。每年冬初，“老寿星”爸妈就把柿子摘下，用绳子串起，挂在窑里，供“老寿星”吃，一直吃到来年柿子下树，日子久了，“老寿星”因吃柿子身体也强壮起来，最后成了长寿不老的“寿星”。

逢年过节时，乡亲们便拿串得最好的柿子供奉老寿星。后来，寿阳渐渐成了“春晚无花秋早霜”的高寒地带，柿树也纷纷迁居盂县、平山。寿阳百姓没有柿子来供奉“老寿星”，便用红糖稀把面和起来，捏成柿状，用油炸熟，拿绳串起来，供奉“老寿星”。从此，“油柿子”便成了祭扫的高档供品，寿阳人称“大供”。

后来，寿阳人不仅用“油柿子”作供品，而且当作糕点经常食用。也许是常食“油柿子”之故，寿阳的长寿之人渐渐多了起来。据统计，百岁以上的老人竟有一百多位。于是，寿阳“油柿子”便远近闻名，成为寿阳文化遗产的典型代表，同时还牵系着“寿星会”“吃寿山”等诸多民俗活动，反映了劳动人民对美好生活的向往。

三、食风食俗

而近年来，素有“寿星故里”之称的寿阳县，依托寿星文化，通过实施旅游产业开发，文化产业延伸，拓展、延伸、开发长寿食品、养生文化等，全县文化事业和文化产业转化为产业优势、经济优势和发展优势。而寿阳的饮食文化已经成为全县发展的一张亮丽的名片。

其中作为长寿食品代表的“寿阳油柿子”，在全国科普会上展出，也深受好评，被评为山西名产，现有寿阳食品加工厂等 8 个生产厂家，行销省内外。

因此，寿阳油柿子作为寿星文化的饮食载体，寄托了人们追求长寿的精神需求，成为当地人必不可少的特产之一。

四、制作流程

第一步，炒锅放火上，准备红糖 100 克放入炒锅中，用铲子搅拌，使红糖气泡溶于水，形成红糖稀水。

第二步，取面粉 170 克和糯米粉 30 克放在和面盆中，搅拌均匀。调好的红糖碱水分次倒在面粉上，反复揉制，形成表面略微粗糙的面团。

第三步，把揉好的面团搓成长圆柱形面条，用刀把长圆柱形面条分割成大约 70 克的面剂子。

第四步，把面剂子揉成圆锥形面团，放在案板上待用。

第五步，用筷子在面团中心扎出个小洞，形状如“柿子”一般，这就是做好的“油柿子”饼坯。

第六步，锅里放入适量食用油，大火烧至七八成热，放入饼坯。

第七步，转中小火煎炸，等饼坯稍微定型，其间用筷子不停把饼坯翻面。

第八步，直到把饼坯煎炸成表面金黄色，用筷子把饼坯控油捞出。香甜可口的油柿子就做好了。

五、成品口味

寿阳油柿子中心开花，形如柿子，色泽金黄，酥香味甜。油柿子除经典的红糖油柿子外，根据人们的口味需求增加了白糖味儿的，受到了更多人的青睐。

寿阳油柿子因形如柿子而得名，色泽焦黄，中心开花，外酥内软，香甜可口，甜而不腻。

寿阳油柿子中蕴含了丰富的维生素、微量元素和氨基酸，能够补脾缓肝、活血化瘀，为人体提供必需的营养素，老少皆宜。

课后习题

1.（　　）年6月，寿阳油柿子制作技艺被列为第三批省级非物质文化遗产代表性项目。

A. 2009　　B. 2010　　C. 2011　　D. 2012

2. 寿阳油柿子不仅被当作（　　），而且也被当作糕点经常食用。

A. 供品　　B. 祭品　　C. 礼品　　D. 贡品

3. 寿阳油柿子的由来与“老寿星”的传说有关，是因为老寿星从小爱吃柿子，后来寿阳成了高寒地带，柿树迁移至（　　）（　　）等地，人们才发明了用面食做成柿子的形状，来供奉老寿星。

A. 盂县　　B. 平山　　C. 平定　　D. 阳曲

4. 寿阳油柿子当中蕴含了丰富的（　　）、（　　）和（　　）。

A. 维生素　　B. 微量元素　　C. 氨基酸　　D. 蛋白质

5. 请根据寿阳油柿子的历史渊源，简述寿文化对当地人们生活的影响。

知识点3　恒义城老鼠窟元宵——本土化的外来食品

元宵，原意为“上元节的晚上”，因正月十五“上元节”的主要活动是晚上吃元宵赏月，后来节日名称也演化为“元宵节”。正月十五闹元宵，将从除夕开始延续的庆祝活动推向又一个高潮。元宵之夜，大街小巷张灯结彩，人们赏灯，猜灯谜，吃元宵，成为世代相沿的习俗。在汉文帝时期，已下令将正月十五定为元宵节。汉武帝时，“太一神”的祭祀活动定在正月十五（太一：主宰宇宙一切之神）。司马迁创建“太初历”时，就已将元宵节确定为重大节日。

在中国民间流传着过元宵节吃元宵的习俗。元宵作为一种民间食品由来已久，它的产生和制作可追溯到唐朝。恒义诚“老鼠窟”元宵是在太原特殊地域物产条件下产生的优秀传统美食，其制作工艺精细、独特，食品甜香可口，馅大皮薄，雪白软糯，老少皆宜，百年来流传广泛、盛销不衰。

一、传承公司档案

太原市恒义诚甜食店位于山西省省会太原市古老而著名的繁华闹市——钟楼街，创建于1937年。它以经营太原名吃“老鼠窟元宵”而闻名遐迩，是一个经历近80年风雨沧桑、名扬并州、誉满三晋的老字号国有企业。

恒义城三个字，蕴含了其质朴的企业文化。“恒”，自强不息、锲而不舍、永恒追求的进取精神；“义”，坚持道义、仁义为民、以义制利的文化品格；“诚”，诚信为本，以诚铸魂、以信兴企的经营理念。

多年来，恒义城甜食店努力打造老鼠窟元宵品牌，获得了卓越的成绩。2009年6月，“老鼠窟元宵制作技艺”被列入山西省非物质文化遗产名录传统技艺类。2010年被商务部认定为“中华老字号”。2011年“老鼠窟”商标获山西省著名商标。2013年“老鼠窟”元宵荣获“山西十佳特色名吃”。2014年“老鼠窟”商标同样获山西省著名商标。

二、历史渊源

元宵作为一种民间食品由来已久，它的产生和制作可追溯到唐朝。据公开资料，唐五代时，民间吃的“面茧”“圆不落角”就很像元宵，南宋时又出现了“乳糖圆子”，至明朝，“元宵”的称呼就比较多了。元宵节吃元宵的习俗大约在宋代形成，“乳糖圆子”就是元宵的前身。宋朝诗人周必大就在《元宵煮浮圆子》一诗中用“星灿乌云里，珠浮浊水中”的诗句描绘了宋人在元宵节煮“元宵”的场景。

在山西太原家喻户晓的恒义城老鼠窟元宵目前已经有八十多年的历史，其历史大致可以总结为：街巷叫卖、创建店铺、公私合营、传承创新四个阶段。

20世纪30年代，店铺创始人申友，以其自幼学徒之便学得元宵制作技艺。之后，他博采众长，探索改进，制成了香甜可口、与众不同的元宵，在钟楼街一带走街串巷、挑担叫卖。申家元宵自产自销、货真价实、用料考究、做工精细、馅大皮薄、雪白软糯、香甜可口，深受百姓喜爱。由于生意越来越好，申家便把元宵摊固定于钟楼街老鼠窟巷口。

1937年，申友租下钟楼街老鼠窟巷口一间门面，取名“恒义诚甜食店”，经营风味独特的元宵，现做现卖，生熟皆售，每逢客人带走时，便在包装上附块红纸，印有“申记元宵、老鼠窟口”的字迹，打出了自己的招牌。日久天长，购买者越来越多，因该店紧邻老鼠窟巷口，人们逐渐将申家元宵称为老鼠窟口元宵。

中华人民共和国成立后，历经风雨沧桑的“恒义诚甜食店”步入了新的历史时期。1956年公私合营后，“恒义诚甜食店”成为国有企业，隶属于太原市饮食公司。“文革”时期曾一度改名为“红卫甜食店”，1984年又恢复了“恒义诚甜食店”的老字号招牌。

三、食风食俗

“恒义诚甜食店”在历经近80年的世事沧桑后，从私营叫卖、谋食求生的小铺门面发展成了老号品牌、百姓青睐的名店；从主营元宵品种单一的小本经营发展成了品种众多、花样各类的多样化经营。如今“老鼠窟元宵”已不再是单纯的小吃，它已经成为太原传统文化符号之一。不少外地的游客慕名而来，品尝老鼠窟的元宵，它已成为山西饮食文化的重要组成部分，被列入山西省非物质文化遗产。老鼠窟元宵已经伴随了几代人的成长，随着时间的推移，它成为大家共同的“甜蜜”记忆。成为名扬并州、誉满三晋的中华老字号。

四、制作流程

第一步，面粉碾制。

选用晋祠花塔村一带产的江米，大缸加水在常温下浸泡，经目测江米吸收水分饱满后，倒在石碾盘上进行人工碾磨。碾出的江米面经过100目的细箩后待用。

第二步，制元宵馅。

首先，将白砂糖磨成糖粉，选用初开之时采回的玫瑰花、桂花。将玫瑰花、桂花花瓣掰下后，拌入白糖，用手直接反复揉搓均匀，再放入大缸中，在常温下自然腌制。

其次，将磨好的白砂糖糖粉加入自制的玫瑰酱和桂花酱，再将花生、核桃仁、芝麻、青红丝、果脯，饴糖、蜂蜜等放在盆里用手拌和揉搓，直至手捏感到有韧性。

最后，将拌好的馅料放在长40厘米，宽30厘米，高1.2厘米的长方形模具中，用木轴槌反复挤压瓷实后，用比例尺和长刀将元宵馅料纵横切成1.2厘米等长宽的馅块，放置室内，常温下晾2~3日。

第三步，滚元宵。

将馅放在荆条编的长把笊篱内，浇匀水后倒入笸箩内，加入江米面，在案上来回拉数次。将滚出的元宵倒出，再次放入笊篱内，再浇水、加面，就这样反复浇水加面，反复滚，滚面粉时中间不可停顿，至少要经过六沾六滚方可完成。

第四步，煮元宵。

元宵滚好后，下沸水中煮制，待元宵浮起，改用小火煮3~5分钟，元宵膨胀后，即可食用。

五、成品口味

老鼠窟元宵是在太原特殊地域和物产条件下产生的优秀传统美食，其制作工艺精细、独特，元宵馅的配料十分讲究，所用的玫瑰、桂花在花初开之时摘回，掰下后用白糖反复搓揉腌制，同其他辅料配制而成。成品甜香可口、馅大皮薄，雪白软糯，老少皆宜，百年来流传广泛、盛销不衰。老鼠窟元宵的馅料有玫瑰、桂花、花生、芝麻等口味。

老鼠窟元宵严格的“六滚六沾”的滚制工艺，使得元宵成品既瓷实又软筋，是其口感独特、经久不衰的原因之一。

老鼠窟元宵采用江米粉为面皮，各种花酱、芝麻、花生等为馅料制作而成。江米含有蛋白质、脂肪、糖类、钙、磷、铁、维生素 B 及淀粉等，有温补强身的功效。玫瑰酱富含维生素 C、维生素 A、维生素 E、氨基酸及磷、铁等矿物质，具有润肌肤、养颜、抗衰老等功效。桂花酱特有的芳香物质具有化痰、止咳、平喘、润肠等功效。花生和芝麻富含优质蛋白质、维生素 A、维生素 B、维生素 E、钙、铁等营养成分，具有强身健体、美容养颜的功效。

课后习题

1.（　　）年，备受太原市民喜爱的地方名吃“老鼠窟元宵”入选山西省第二批非物质文化遗产名录。

A. 2006　　B. 2007　　C. 2008　　D. 2009

2.（多选题）老鼠窟元宵的制作主要包括（　　）几个步骤。

A. 面粉碾制　　B. 拌制元宵馅　　C. 滚元宵　　D. 煮元宵

3. 下列（　　）属于老鼠窟元宵常用的馅料。

A. 蜜红豆馅　　B. 玫瑰馅　　C. 黑芝麻馅　　D. 桂花馅

4. 老鼠窟元宵特殊的制作工艺是（　　）。

A. 三沾三滚　　B. 四沾四滚　　C. 六沾六滚　　D. 九沾九滚

5. 简述恒义城老鼠窟元宵能够在近百年来受广大山西人喜爱、经久不衰的原因。

项目五　指尖上的山西非遗面塑制作技艺

任务一　晋北非遗面塑

知识点1　定襄面塑——胖妞爬娃娃

一、传承人（单位）档案

定襄面塑又称“定襄面花”，是流行于山西省定襄县一带的传统食用塑作艺术。其塑造出的形象粗犷豪放、朴实丰厚；内容包罗万象、灵活多样。2008 年 6 月，国务院公布定襄面塑为第二批《国家级非物质文化遗产名录》传统美术类，项目编号Ⅶ -53。

2009 年，民间面塑巧手张秀婵、闫来时、续爱花 3 人入选山西省级非物质文化遗产项目定襄面塑代表性传承人。

张秀婵，女，1931 年生，山西省定襄县宏道镇人，工作于定襄县宏道镇阁街村，民间艺术家，民间刺绣工艺大师，山西省非物质文化遗产面塑传承人。她拥有剪纸、刺绣、面塑“三绝活儿”，被人们尊称为“三菊花儿”，其面塑作品的主要特点是生面造型，熟后点染，使其作品表现为原始古朴，区别于定襄城区周围华丽鲜艳的生面花装饰面塑。

续爱花，女，1963 年生，山西省非遗传承人，其作品具有拙中藏巧、粗中有细、对比鲜明、突出动势、形神俱佳的艺术特色。2009 年 3 月被“太原双合成工贸有限公司”董事长赵光晋聘请，研发花馍，并进入市场，深受欢迎。1994 年，定襄面塑参加文化部举办的“全国民间艺术一绝展”，获金奖。2001—2002 年，文化部举办

“山西民俗与艺术展”并在法国、丹麦、新加坡巡回展出，其中有定襄面塑作品 50 多件。

二、历史渊源

定襄县为山西省忻州市所辖，位于山西省中北部。定襄境内东、南、北三面环山，中部和西部为平川，境内主要河流滹沱河，由西向东横贯全境。定襄县地形由东向西呈簸箕形。定襄历史悠久，文化繁荣，经济发达，自古就有“山西文风数二定，数了定襄数平定”的说法，而定襄面塑是当地流传的一种传统面塑技艺，是远古人类饮食文化、民俗文化和民间美术的综合遗存，也是中国古代文化的活化石。

定襄面塑又称为定襄面花，面塑俗名也称为“花馍”“窝窝花”和“糕花”等。定襄面塑是山西省定襄县境内流传的传统面塑技艺，是晋北面塑的代表，同时也是国家级非物质文化遗产之一。

定襄面塑以塑为主，着色为辅，色与面的本色相间，其最大的特点是多偏重素色，爱捏胖妞与动物，以面粉本色较好地展示了娃娃白净的肤色，再以各色豆子进行点缀。

定襄面塑是将面粉发酵后，用手和简单工具塑制成各种人物、飞禽走兽、花鸟鱼虫、吉祥饰物等形状，或组成著名历史、神话、传说、戏剧故事，是一种用彩色面或经蒸熟后施以彩绘、保留素色的民间面食塑制工艺品。定襄面花每件作品都有一种朴素的原始美，塑造的形象简练概括、粗犷豪放、朴实丰厚、天真烂漫、形态夸张、神韵突出，其塑造的内容多样，有天上飞的，地下跑的，院里养的，水里游的，植物花卉、人物及动物等，富有鲜明的地方特色。

三、食风民俗

定襄面塑作为当地民俗的载体，它在世代传承的民俗活动中形成了特定的文化指向以及表达方式，一直为百姓遵循和沿袭。一般用于民间婚丧嫁娶、敬神拜佛和岁时节令等民俗活动的礼品、供品和主打食品等，俗称“面人”“寒燕”。现在，则更多作为礼品的艺术表达形式而呈现，以下是几种常见的定襄面塑作品种类。

第一种，是婚礼面塑，婚礼面塑是定襄的一大特色。按定襄的风俗，两家定亲时，男方家就要送女方家二斤白面蒸的大鱼。新娘子出门时，小舅子要给姐夫插喜花，也就是送一对花馍，然后还要红包。娘家还要陪嫁一对大花馍，俗称“宫食儿”。宫食儿一般要用三五斤白面做一对，大部分的造型是“玉兔驮仙桃”或者“金鱼背石榴”，上面精塑着十二生肖的造型，细加点缀，造型生动，情趣悦人，五彩缤纷，鲜丽明快，增强了喜庆的气氛。“宫食儿”是当地婚礼面塑中的一大特色，陪嫁“宫食儿”最初是怕姑娘刚到了婆家，不好意思，吃不饱，所以带上一对花馍备着。久而久之，这就成了一项特殊的风俗。

第二种，是在婴儿出生时，蒸一对形似乳房的馍在上面爬三到四个娃娃，取名“催产娃娃”“下奶馍馍”，十分生动有趣。

第三种，是寿礼面塑。在定襄，老人们年至花甲，晚辈们惯常要为之祝寿庆贺，定襄的风俗不是蒸大寿桃，而是做“九狮拱菊”。“九狮拱菊”的谐音是九世共居，和四世同堂的意思差不多。儿女们送老人“九狮拱菊”，以祝愿老人们健康长寿，多子多孙，表达对老人们的孝敬之心。

除此之外，还有丧礼面塑，定襄人把丧礼面塑叫作“小饭”。所谓小饭，就是用面捏成的狮子、老虎等，个个精巧可人，颜色鲜艳。逝者的供桌上，五个五斤面蒸的花馍摞起来，再摆十五个小饭，每五个摆成一排。

另外，乡里人盖房上梁时，也要蒸硕大的礼馍进行供奉，而全年各个岁时节日的祭祀活动，礼馍造型更是丰富多彩。春节时的定襄面塑主要是枣山，用于供奉灶神。二月二再开山，也就是家里人一起吃枣山。清明寒食节捏“寒燕儿”，七月十五蒸面人，祭祖上坟等，由此可以说定襄面塑循时应节，随风入俗，已成为民俗文化的重要组成部分。

定襄面塑的起源与发展

我们先了解一下面塑的由来。人类从很早开始就具有塑造意识的能力，妇孺皆知的女娲抟（tuán）土造人，应该算是最早关于泥塑的记述，而关于祭祀文化的发展，最初在远古时期，人类祭祀天、地、神及列祖列宗，曾奉行杀人做祭品，称为“人祭”。后来，随着社会文明程度的提高，逐渐废止了这种野蛮的行为，改用牛、羊、猪祭祀，称“三牲”。到了后来，出现用面人、面羊为祭品，替代“三牲”的做法。这种远古遗风在定襄县乃至整个晋北民间都普遍保留，现在每年七月十五都是当地捏面羊、送面羊的日子。《定襄县志》中有记载：“供神，有蒸面羊面猪等类。”

说起七月十五，从传统风俗讲，农历七月十五这天称为“中元节”，也称为“鬼节”，源自佛教的传说，而发展到现在，曾经富有宗教意味的“鬼节”，目前已全无“鬼”的踪影，已发展成一种人与人的祝福和情感交融的节日。现在定襄一带形成了每年七月十五家家户户蒸面人，祭祖上坟、馈赠亲友的风俗。

关于当地七月十五当天送面人、面羊的风俗，在定襄县以及周边诸县如原平、代县、朔州、左云、大同等地也曾有这样的传说：在元代时期，人们因受不了统治者的欺压蹂躏，计划利用七月十五送面羊的传统习俗活动，在面人面羊里夹纸条，约定八月十五日一起举事，相约推翻蒙元统治。故七月十五送面羊之俗延续至今仍盛行不衰。

定襄面塑的作者大多是农家妇女，制作面塑的目的是满足现实生活的需要。食用的礼馍需要保持面粉的质地美，洁白暄腾。目前定襄面塑在民间的传承模式，大体上是以家庭和家族中的女性为主的口口相传，手把手亲授，母带女，婆带媳，同辈的姑嫂姐妹大带小，相互传授沿袭下来的。这些妇女不仅传承技艺，同时也传递着民俗观念和文化。当地办红白喜事，必请几位巧妇到家中捏礼馍，而其他爱好者也会相约而至，聚在一起既帮忙又学艺，甚至创新出不同的艺术效果，但随着社会生活的变化，定襄面塑已逐渐被冷落，面临人亡艺绝的危险。如不抓紧抢救保护，这种珍贵的民间艺术将有失传之虞。而随着一些老艺人的去世，已有许多面塑造型失传，我们必须采取有力的保护措施来保护这一珍贵的民间文化遗产。

四、制作流程

定襄面塑技艺作为国家非物质文化遗产保护项目，主要有以下制作技艺要点：

1. 定襄面塑塑形时，用的是半发酵的面，为了不至于还没捏好形状，面就完全发酵，所以冬天在面粉里加二分之一的酵子，夏天加三分之一的酵子。

2. 定襄面塑多偏重素色，爱捏胖妞与动物，以面粉本色较好地展示娃娃白净的肤色，再以各色豆子点缀。定襄面塑以塑为主，着色为辅，色与面的本色相间。

3. 定襄面塑在制作技巧上把握了良好的分寸感，做成形但不做足，让面自然饧发并用蒸汽来完成作品，以充分发挥面的特性，体现面的质感。

（一）制作原料

食材：面粉、红枣、红豆、黑豆等。

工具：剪刀、梳子、切刀、竹签、筷子、勺子、镊子、擀面杖、大头针等。

（二）制作流程

以下以传承人续爱花制作面鱼作品为例，说明定襄面塑的制作流程。

1. 和面：将面粉和水倒入盆内均匀地搅拌起来，直至面团柔软光滑，软硬合适。

2. 将面团反复揉搓，成一头细、一头宽的面团形状。

3. 将面团细的一端按压成“鱼尾”的形状。用手掌将面团中间的位置挤压出“鱼鳍”。并在面团宽的一段捏出“鱼嘴”的形状（在面团三分之一处塑造鱼尾部位；鱼鳍分别在脊背处、面团两边进行塑造，鱼嘴需要捏得大一些）。

4. 用篦梳在鱼尾和两边的鱼鳍处压出花纹。

5. 用小刀切出鱼鳍和鱼尾，并将切出的鱼尾三个一组尾部捏合。

6. 用竹签在切出的鱼鳍上按压出花纹，并用竹签将每个切出的鱼鳍往鱼身处压。

7. 将中间的鱼鳍用手指搓成波浪形。

8. 用剪刀剪出面鱼的胡须。

9. 用笔管在鱼身上按压出鱼鳞的图案。

10. 制作鱼眼睛：把两颗红豆分别按压在两小块面团上。在鱼眼处蘸点清水，将做好的鱼眼按压在蘸水处。

11. 将做好的面鱼放入蒸锅内，30 分钟后出锅即可。

课后习题

1. 2008 年定襄面塑被列为第二批（　　）级别非物质文化遗产。

A. 国家级　　B. 省级　　C. 市级　　D. 县级

2.（多选题）以下，（　　）是入选山西省级非物质文化遗产项目定襄面塑代表性传承人。

A. 张秀婵　　B. 闫来时　　C. 续爱花　　D. 丁芳莲

3.（判断题）定襄面塑以塑为主，着色为辅，色与面的本色相间。定襄面塑最大的特点是多偏重素色，爱捏胖妞与动物。（　　）

4.（判断题）女儿出嫁时，民间一般蒸"九狮拱菊"礼馍陪嫁。（　　）

5. 简述 1~2 种定襄面塑民俗礼馍作品，并说明适用于哪项民俗活动。

知识点2　代县面塑

一、传承人（单位）档案

张海平"代县面塑——寒燕"的市级非遗传承人，出生于山西省代县上官镇西关村，由于姥姥和妈妈是当地制作面塑的能手，逢年过节或是村民婚丧嫁娶，她俩总是要从早忙到晚地赶制。等到张海平十几岁的时候，她便开始跟着妈妈制作寒燕，从简单到复杂，耳濡目染中，张海平早早就将捏制寒燕的技法烂熟于心。2002 年，她到中央美院现场表演面塑，作品远销世界各地，央视《乡土》节目专门介绍了她的作品。此外，《山西青年报》刊登了《寒食节飞出"子推燕"》，近年来其作品多次受到表彰奖励。

二、历史渊源

这座塞外古城，是许多重大历史事件的发生地、许多独特风俗的聚集地，留存了许多文物古迹，有丰富的文化内涵。被文化和旅游部誉为"中国民间绘画之乡""中国民间艺术之乡"。国家级 5A 级旅游景区雁门关就位于代县。

雁门之名，最早见于《山海经》。它在西周时，被称为"西俞"，历经魏、晋、南北朝、隋、唐五代，它是中国北方最重要的军事要塞和重要的防线。3000 多年的古老历史和深厚的军事文化的积淀，为代县面塑提供了深厚的历史文化民俗资源。

代县具有悠久的面塑制作历史，民间流传着"七月十五送面人，八月十五杀鞑子"的传说，说明代县最迟在元代以前就有了制作面塑的习俗且承担着传递信号的军事斗争功能。

代县的节日风俗浓郁而久远，为民间文化传承提供了深厚的基础，面塑吸取了优秀传统民间艺术的血脉，又带着浓厚的乡土气息，在这丰厚的土壤上，有取之不尽的民间文化题材。独具乡间特色的代县面塑集多种文化元素于一身，纯手工制作技艺和口传身授的传承方式，一直保留着的传统技艺和彩绘艺术，以喜闻乐见的艺术形式深为历朝历代的人们偏爱。雅俗共赏，流传至今，历经时代的洗礼与历史的沉淀，最终形成别具一格的起源。2011 年 6 月，代县面塑被列入省级非物质文化遗产名录。

三、食风民俗

代县面塑多与节庆和婚嫁密切相关，当作供品和礼品。深藏于民间，扎根于民间，和民俗活动紧密相依，有特定的含义和文化指向，贯穿于代县人各种时令节俗和人生礼仪中，用以表示相应的寓意，是逢时过节、婚丧嫁娶、祭祀祈福时的必备之物，其中最有特色的要数被列为山西非物质文化遗产——寒食节的寒燕。寒燕，据《东京梦华录》（卷七）记载，北宋汴京时就已风行，家家户户“用面造枣飞燕，柳条串之，插于门楣，谓之‘子推燕’”。这些用柳条串起来的红枣面燕晾干“留之经岁”，孩童食之，据云“可治口疮”，但主要是预备寒食节禁炊火期间的干粮。

捏寒燕儿是民间形成的一种节日习俗，它的起源据说与春秋时晋国公子重耳的臣属介子推有关。重耳流亡国外十余年，介子推不仅护驾有功，而且当重耳饥饿难耐时，介子推竟然刀割自己的肉煮熟供重耳充饥。后人为纪念介子推，三月禁火一个月。晋陕一带在这一天家家户户捏寒燕儿，并且把一串串寒燕儿用柳枝或棉线连接起来，挂在显眼的地方。这种用白面制作的寒燕儿造型各异，大小不同，千姿百态，栩栩欲飞。一来可以观赏，二来象征春归，再者还可以食用。寒燕又称“子推燕”。

春节前后摆供品，开始做花馍，这里的春节一般是从小年开始到正月十五元宵节这段时间。春节期间，人们捏制枣山、花糕、佛手、石榴等各种形状的供物来酬天谢地、祭灶君、祭祖先；实现了“慎终追远，民德归厚”历史文化功能。农历七月十五，代县民间有着蒸面人的习俗。农历八月十五要蒸花糕，花糕中间往往插以红枣，既有装饰性，又是营养品、调味品、馈赠品，很受欢迎。

代县民间在婚娶之日，男女两家都会蒸很多喜馍。这些大喜馍也叫十全十美石榴馍，摆放的石榴馍一般是三个，里面包着桂圆、荔枝、核桃、枣。象征早生贵子，多子多福。石榴馍的上面必须做全花图，这个全花图可以是立体的，也可以是平面的，所谓全花图就是柿子如意牡丹根，佛手莲花桂长笙。

在寿诞之期，也常蒸制喜馍，喜馍多以桃形为主，上面加上各种寓意吉祥长寿的小装饰物，点染色彩，作为寿馍赠送亲友之用。

花馍的应用很广，除了节日做花馍，婚丧嫁娶、建房做花馍之外，职位升迁、新家搬迁、孩子升学等都会做花馍以庆祝。

代县面塑与谚语紧密相连，这些谚语大多是象征美好生活和祝福的。代县面塑承袭民族传统文化元素，取材广泛使之内容丰富，惟妙惟肖使之栩栩如生，或玲珑中见盎然情趣，或繁花中现勃勃生机，或流红泻绿现万种风情。不同的面塑蕴含着不同的情节，贯穿于代县人各种时令节俗和人生礼仪中，用以表示相应的寓意，如“公鸡叫鸣名上名——祖祖辈辈出举人”“莲花桂花芙蓉花——十里八乡头一家”“公鸡蹬牡丹——两口都喜欢”“花鱼鱼、吉兔兔——娃娃活到九十九”“红官绿娘子——恩恩爱爱到白头”“一方宝地映先人，千古民风启后人”。

代县面塑，这项古老的民俗风情传统与艺术，生于斯，长于斯，像一朵美丽的花，装饰雁门古城，以吉祥喜庆的意蕴、生动有趣的造型、鲜活靓丽的色彩诉说着过去，书写着未来。

四、制作流程

（一）制作原料

1. 白面
2. 辅以红枣、黑豆、红小豆、白糖、核桃
3. 食色等材料

（二）制作工具

1. 刀、剪子、镊子、锥子
2. 筷子、竹签、梳子、高粱秸等

（三）制作流程

第一步，和面，发面。

第二步，上碱，揉面。

第三步，制作，造型。搓、捏、拍、拉、压、盘、揪、剪、切、扎等。

第四步，笼蒸，气蒸。

第五步，着色，点染。

课后习题

1. 根据谚语“七月十五送面人，八月十五杀鞑子”可以断定，代县面塑出现在（　　）。

A. 唐代以前　　B. 宋代以前　　C. 元代以前　　D. 明代以前

2. 代县面塑婚庆大典时，一般定制（　　）

A. 全花石榴馍　　B. 全羊　　C. 面羊　　D. 三团三圆

3.（多选题）代县面塑取材广泛，下列哪些选项正确？（　　）

A. 天上飞的如燕子　　B. 地上跑的如兔子

C. 水里游的如鱼儿　　D. 地上长的如花卉

4.（判断题）十二生肖一般是面塑的主要题材。（　　）

5. 简述子推燕的产生背景。

任务二　晋中非遗面塑

知识点1　岚县面塑——人人喜蒸花

一、传承人（单位）档案

岚县面塑是岚县的代表性传统技艺，民间的婚丧嫁娶都有不同内容的面塑作品，从正月初一的“面花花”“面枣山”，到正月二十五的“点灯灯”，再到清明节的“蛇燕燕”“寒食食”，七月十五中元节的“面人人”，岚县面塑几乎涵盖了所有的节庆活动，当地人常说“岚县村村有艺人，户户会面塑”。

2014 年，“面花（岚县面塑）”被列入《国家级非物质文化遗产名录》传统美术类。项目编号：Ⅶ -53。2019 年 11 月，《国家级非物质文化遗产代表性项目保护单位名单》公布，岚县文化馆获得“岚县面塑”项目保护单位资格。

袁建华和刘丽丽母女是活跃在岚县面塑圈知名的面塑传承人。2019 年 10 月，袁建华入选山西省非物质文化遗产项目“岚县面塑”项目代表性传承人。袁建华成长和生活在面塑之乡岚县岚城镇，在个人爱好和家庭影响的作用下，她一心继承传统面塑，高超地掌握了捏、压、剪、挑、粘接等塑形手法，能灵活地运用刀、木梳、拨子等工具，通过巧妙的点、切、刻、画进行细致雕琢，对传统面塑的造型手法和制作工艺了如指掌，娴熟有加，塑造出各种栩栩如生的形象。

二、历史渊源

岚县是一方古老的土地，商朝时是活跃在山西的游牧民族燕京戎的所在地，周朝时是楼烦古国的所在地，春秋末年晋国在古城村建汾阳邑，西汉时期为汾阳县，属于太原郡，岚县随着中国历史一路摇曳而来，创造了辉煌的文明。

关于岚县面塑的起源，目前无法具体说明。但根据历史遗迹可以大致了解，其历史是十分悠久的。

2005年，在岚县东河村发现了一座元代古墓，进行抢救性挖掘时，考古学家发现古墓中有很多壁画，壁画内容反映的是元代人饮食起居的大致情况。壁画中女主人身后的奴仆手中端着一盆面点，可能就是岚县面塑早期的造型之一。此外，乾隆版《岚县县志》有内容记载："岚县冬长，人喜蒸花。"由此我们可以知道岚县面塑的历史之悠久。

关于岚县面塑，还有一个非常古老的传说。相传很久以前，岚城当地有一位媳妇叫慧莲。她婚嫁不久，丈夫去世，婆婆双目失明，为了医治双目失明的婆婆，她背着婆婆四处求医问药。在一个风雪交加的冬夜，留宿破庙，饥寒交迫，慧莲和婆婆双双昏倒在地。蒙眬中，慧莲依稀见到一位白衣老太太翩然而至，手举拂尘在婆婆的双眼前轻轻拂过，婆婆两眼即刻复明。白衣老太太把慧莲扶起，传给她治病秘方。从此，她用这个秘方行医乡里，治好了无数人的疾病，乡民尊称她为"白衣大士"。慧莲一直活到99岁才去世，去世当日是农历二月十九，由于农历二月十九又是观音的生日，所以民间传说她是观音菩萨现身，乡民为了缅怀她的恩德，在每年农历二月十九当天用面塑摆供的形式来祭祀她。慧莲贤惠、孝顺、慈悲的美德，凭借岚县面塑厚重的人文和朴素真挚的情感代代相传，也正是这个缘由，形成了岚县岚城北街面塑供会这一重要的民俗活动。

三、食风民俗

每年农历二月十九，岚县旧城也就是如今岚城北街都会举办传统的"贡会"。在"贡会"上，集艺术性、观赏性于一体的面塑艺术竞技盛会在这里展示，岚城整条北街，长1000余米的长龙式供台上陈列着由农家集中参展的祭祀面塑品，供品琳琅满目，场面蔚为壮观。

岚城面塑供会展览的面塑作品，题材广泛、内容丰富。有象征六畜兴旺的猪、牛、羊、马、兔、狗、鸡，有象征喜庆吉祥的狮子、老虎、龙、凤、蛇盘兔等；有象征婚喜长寿的花馍、寿桃、鱼、爬孩孩、罗汉汉等，有再现历史故事人物的《八仙过海》《西游记》《秦香莲》等。这些形态各异、惟妙惟肖、色彩艳丽的面塑品，组成了供会的主体和表现形式。

四、制作流程

（一）制面

先把酵母用温水泡开与少量面和好在盆中让其发酵，民间称之为"积肥头"。待全部发酵后将白面和肥头置入瓷盆中用温水和至软硬适中置于热炕头用棉被盖好让其发酵。待面发好后再加浓度高的碱水尽力搓揉直至盆光、面光、有弹性。

（二）塑型

用面刀割出一块放在面案上一手揉一手旋转，从里到外用力将面揉光揉匀，一直揉到面表皮白嫩光滑，然后拍在案上根据所做对象进行制作。

面塑制作技艺随表现内容而变化，主要分为搓、捏、排、拍、拉、压、团、盘、揪、剪、切、扎、挑、点、粘、贴、堆等手法。

（三）蒸制

先将锅里添足水烧到能听见锅里水的响声时，把制作好的面塑放在箅子上入锅蒸。为防止锅盖不严、漏气，在锅沿边盖些笼布，然后温火匀蒸。蒸 18~20 分钟即可。

（四）插花着色

岚县面塑分为素色和彩色两大类。素色面塑重在塑，素色面塑按照形制大小和用途分为吊供和摆供两类，对造型的要求较高。彩色面塑是岚县面塑的一大亮点，以红色为主，采用鲜亮的色彩搭配或是互补色，种类丰富，色彩艳丽，造型美观。

彩色面塑出锅后开始蘸色点染。点染时要分清部位，先浅后深，先淡后浓，层层点划，千万不可过分点染和花哨艳丽。突出面的色感和质感，体现整体效果。生面花的装饰可在出锅后插上。

课后习题

1.（　　）版《岚县县志》载："岚县冬长，人喜蒸花。"可见岚县面塑的历史之悠久。

A. 康熙　　B. 乾隆　　C. 雍正　　D. 嘉庆

2.（多选题）每年农历（　　），在岚城北街举办大型面塑贡会。

A. 正月十五　　B. 二月十九　　C. 三月初三　　D. 六月初六

3.（多选题）岚县面塑题材十分广泛，下列哪些选项属于岚县面塑作品题材。（　　）

A. 蛇盘兔　　B. 爬孩孩　　C. 八仙过海　　D. 秦香莲

4.（判断题）岚县面塑在色彩上极富民间装饰特色，一般分为素色和彩色两大类。（　　）

5. 岚县面塑制作所需的工具及其制作手法有哪些？

知识点2 太原传统面塑

一、传承人（单位）档案

太原传统面塑兴盛于清同治1863年，距今160多年，到王博这里已传承六代。王博，土生土长的太原人，研习面塑20多年来，他系统地掌握了传统面塑的技艺，继承了老一辈艺人的传统面塑艺术精华，并创作了现代卡通、漫画风格等多种人物、动物形象，融合了自己的创新理念，将面塑传统文化很好地传承了下来。

王博，中国民间文化艺术家协会会员、中国工艺美术家协会会员、山西省一级民间工艺家、山西省民间文化遗产杰出传承人、太原市民间文艺家协会秘书长。

二、历史渊源

太原，古称晋阳，地处山西黄土高原中部。这里是中华民族的发祥地之一，是华夏文明的中心地带，同时又是古代北方民族大融合的主要场所。在封建社会的初期，太原是诸侯称雄所依托的基础，是汉民族向北拓土殖民的堡垒，在古代政治中发挥了重要作用。在封建社会的鼎盛时代——两汉、隋唐，太原是中原王朝防范游牧民族南下侵扰的军事重镇，是中原王朝融合、接纳游牧民族，使其接受较为先进的农业文化，化牧为犁的前沿阵地。当封建社会步入后期，太原仍然作为雄藩重镇，踞守中原的北大门。2500多年来，太原孕育了悠久灿烂的文化，也造就了一大批在中国历史上耀眼夺目的非物质文化遗产，而面塑就是其中最具代表性的非物质文化遗产之一。

《中国大百科全书 · 轻工卷》记载："汉代迎神赛会上的傩舞便以面团塑成鬼怪头部形象。"马王堆汉墓也曾出土过面制成的人俑陪葬供品。由此可见，最初的面塑主要被用作宗教祭祀用的祭品。目前存在最早的面塑是发掘于新疆吐鲁番阿斯塔那唐墓永徽四年的面制人俑和面猪，它们距今已有一千三百多年的历史。《礼记 · 礼运》写道，"夫礼之初，始诸饮食。"这句话的意思是，礼仪制度和风俗习惯，始于饮食活动。在距新疆2500公里的太原，也有着一种体现当时饮食和审美文化的面塑——太原面塑。

三、食风食俗

太原面塑俗称面花、礼馍或捏面人。它以糯米面为主料，调成不同色彩，用手和简单工具塑造各种形象。太原旧社会的面塑艺人"只为谋生故，含泪走四方"，挑担提盒、走乡串镇、随风入俗、做于街头，深受老百姓的喜爱。太原面塑兴于明代，盛于清代。在有着2500年悠久历史的古城太原，每逢节庆丰年，家家户户都要捏制面人、面龙、面鱼、面虎、面羊、各式瓜果等来求神祈雨、婚嫁和祝寿。流传至今的传统面塑：孙悟空、猪八戒、戏曲人物等最是有名，深受广大儿童的喜爱。

太原面塑根据所需随手取材，在手中几经捏、搓、揉、掀，用小竹刀灵巧地点、切、刻、划、塑成身、手、头面，披上发饰和衣裳，顷刻之间，栩栩如生的艺术形象便可脱手而成。太原面塑内容丰富，形式多样，老人过寿时，晚辈多数带着寓意长寿的桃形馍拜寿，馍上装饰着松鹤，取多子多孙之意，还有福禄寿喜等；女儿出嫁时，母亲、姥姥、舅舅要送一笼屉礼馍。面塑和礼馍相结合，有富贵牡丹、莲年有鱼（连年有余）、金鱼满堂（金玉满堂）、花开石榴（多子多福）、并蒂莲花（同心同德）等；结婚时，男方家要为女方捏两个看饼，状如圆盘，顶端是莲花和牡丹，用来祝贺新婚夫妇相亲相爱，白头偕老。女方接到看饼后掰下外圈，将中间部分回赠给男方，表示真心实意，永结连理；上梁时主人家要举行祭祀庆典，还要蒸上梁馍供奉，其形制似“蒙古包”，装饰的纹样多选用象征富贵的牡丹花和“卐字纹”“双盘长纹”等，有延绵不断之意；七月十五蒸面羊以缅怀故人，农闲季节蒸形态各异的面羊、面鱼、面狮、面虎、面人等自制“糕点”，用来探望长者、关怀晚辈、增进友谊等。

近年来，面塑以外形艺术的身份再次呈现，并且以它绝美的身姿备受世人喜爱，这正是由于它所注入的世代文化的沉淀和创作者绝无功利思想的热情和才思，使得它成为一种出于俗而脱于俗的朴素文化。

四、制作流程

（一）制作原料

低筋面粉 500 克、糯米粉 100 克、防腐剂（三梨酸甲或者苯甲酸钠）50 克、白糖或者蜂蜜 50 克、甘油 60 克、水 300 克左右（看面粉的干湿），把这些材料放入盆中，和好，上锅蒸熟（30 分钟左右），揉润，放入保鲜袋保存。

（二）制作工具

自制塑刀、竹签、剪刀、铁丝、梳子、压纹刀、毛绒等（平时收集可用的东西）。

（三）制作流程

1. 首先是材料上色，用和好的面块把作品需要的颜色揉好；

2. 人物和动物，首先用竹签做支撑，把材料放到竹签上面，刻画出人物或者动物脑袋；

3. 用铁丝把所做的身体姿态做出来；

4. 在铁丝上做出身体，整个身体和衣服制作方法是从里到外做；

5. 花草等可以里面用细铁丝直接做支撑，通过擀压，压纹等工序制作而成；

6. 作品成形后，放置自然干燥。

课后习题

1. 太原面塑兴于（　　），盛于（　　）。

A. 唐明　　B. 秦汉　　C. 明清　　D. 元明

2. 面塑是由（　　）磨制成的面粉加工而成的。

A. 小麦　　B. 大麦　　C. 荞面　　D. 豆面

3. 太原面塑俗称（　　）

A. 面花　　B. 礼馍　　C. 花糕　　D. 捏面人

4.（判断题）太原面塑中给老人过寿的桃形馍，馍上装饰紫色葡萄和灰色松鼠，寓意为多子多孙。（　　）

5. 女儿出嫁时，女方送的一笼屉礼馍里面有面塑和礼馍，分别叫什么，代表的寓意有哪些？

知识点3　晋阳花馍——能吃的艺术品

一、传承人（单位）档案

晋阳花馍是土生土长的造型艺术，它纯朴的造型镌刻着晋阳文化古老的印迹，是古晋阳地区农耕文化的典型民间艺术，具有较高的文化、艺术研究价值。

太原的花馍风格、内容、品类诸多，其中尤以晋源区赵家山村晋阳花馍代表性传承人郝庆玲的花馍作坊出品的花馍而闻名。晋阳花馍细腻艳丽，造型独特，别具一格。

二、历史渊源

在古代社会，农业还处在初级阶段，社会发展相对落后，人们以农为主，靠天吃饭。在自然灾害来临时，人们往往显得束手无策，只得借助神灵，祈求苍天保佑，风调雨顺。为了表达对苍天的感恩，表白心灵的虔诚，便产生了祭拜神灵的习俗。从远古时的血祭到逐渐形成的以面食作祭祀供品的习俗，是社会发展进步过程的演变的结果。

花馍具有饮食礼仪的文化内涵，传承历史久远，制作手段不易掌握，在民俗文化中影响面广，在传统生活中不可缺少。古时的祭礼是人类文明最早的礼，“礼之起，起于祀神，其后扩展为对人”。花馍是晋源区内手工工艺制作、涉及面广、普遍性强的食品、礼品、祭品。如在祭神龙祈雨时，有面食制作的猪、牛、羊、人等，是俗称“大供”的祭祀品；在祭祖宗三代时，有福寿娃娃、鲤鱼龙门、石榴、佛手、莲花馍等；祭神灵时需蒸“大供”，祭灶王时摆放枣三三；媳妇生孩子后十二天，女婿专为娘家送去喜馍馍，祝寿时要做寿桃，祭祀时做小花馍、凉帽壳等。

捏花馍技艺从明清至今已传承六百余年，在民间的制作及饮食习俗上反映出了当时的文化信息。如遇大旱年祈雨时，人们便会头顶烈日，戴着柳条帽，扛着切草刀，赤着脚，表达对大自然的信仰之情，借助龙王下雨的虔诚之意，祈求神灵托福，普降甘露。在生日、寿诞、祭祀时，又表现出了晋阳大地礼仪之邦淳朴善良的民风民俗，展示了民众在生活中积累的想象力和劳动合作的成果。

三、食风食俗

黄河流域粗犷、豪放、淳朴的民风，都体现在了花馍的造型艺术上。这些花馍的形态、用途、色彩与当地的民俗风情联系紧密并发展变化。按照习俗，逢年过节、婚丧嫁娶，以及其他喜庆时日，捏花馍已经成为一种必然的活动，以示庆贺。这些花馍，大多出自农村及城市家庭主妇之手，尤其在结婚、生子、祭祀和过各种民俗节日时，家家都要蒸制花馍，根据需要制作成人物、动物、花卉、瓜果等，花样繁多，技艺精湛。这种家家户户都要进行的民间活动，造就了一大批捏制花馍的能工巧匠，而且世代相传。

四、制作流程

（一）制作流程

1. 首先，把两张饺子皮各切四半，然后三角朝上，排成一条龙；
2. 用筷子在排成一条龙的面皮上按一下；
3. 筷子拿走之后中间会有筷子印记，这是为了让面皮能够粘连在一起；
4. 拿一个小的面块作为花的心，放在刚才排列好的头部，并卷起来；
5. 对刚刚卷好的形状，在中间用筷子滚动着转一圈，保证面皮之间的粘连牢固；
6. 接下来就是用刀切开刚才筷子按过的地方；
7. 用刀切开后的成品，外形美观，是两朵小花的形状。

（二）制作要点

1. 和面要掌握软硬适中，才能在蒸制过程中不失捏制原样，出笼时造型丰满不变形；
2. 面和碱的配比，揉得均匀，才能做到蒸制不走样；
3. 上笼蒸制过程的火候非常重要，一旦火候不到造成捏制的造型缩比不匀称，会直接影响花馍捏制的造型，所以每道工序既有传统技艺，又有技术要求；
4. 花馍着色多用对比强烈的红、绿、黄、蓝等颜色，并用豆类、谷物加以点缀，造型不管是人物还是动物，都憨态可掬，笨拙幼稚，有静有动，相映成趣；
5. 花馍的制作有明显的地域性特征，花馍的造型要与民俗结合，才能体现劳动人民的理想和生活图景，反映出劳动人民的聪明才智。

课后习题

1. 花馍是一种古代祭祀用的（　　）器物。

A. 礼器　　B. 乐器　　C. 祭品　　D. 食物

2. 从远古时的血祭到逐渐形成的以（　　）作祭祀供品，是社会发展进步过程的演变。

A. 面食　　B. 礼器　　C. 谷物　　D. 动物

3. 花馍的制作有明显的（　　）特征。

A. 时代性　　B. 地域性　　C. 随机性　　D. 历史性

4. 在祭祖宗三代时，晋阳花馍的题材有（　　）

A. 福寿娃娃　　B. 鲤鱼龙门　　C. 石榴　　D. 佛手

5. 请简述晋阳花馍的制作要点。

知识点4　阳泉彩色面塑——微面塑与清明上河图

一、传承人档案

付海云，女，1971年生，现为山西省非遗保护项目——阳泉彩色面塑传承人，山西省工艺美术大师，工艺美术师，山西省传统工艺美术协会理事。

付海云从小喜欢民间艺术，在老一辈的指导下，14岁开始学捏传统面塑。经过多年的实践，付海云试制出一种面塑材料，取代了以前购买的“彩陶”材料，达到了不变形、不腐烂、不变色，可以长期保存的效果。她所捏制的面塑多以中国传统文化理念中的古典神话、古典文学为题，现今又创作出在核桃壳中捏塑微型面塑。在细小的空间能够塑造出只有1厘米大小的几个不同造型的人物，精细到脸部的眉眼需要用放大镜才可以看到。

2014年，她开始全力创作面塑版《清明上河图》，历时三年完工，备受瞩目。2018年5月，“阳泉彩色面塑”被列入山西省非物质文化遗产名录。

二、历史渊源

面食文化作为我国黄河流域小麦产区饮食文化的重要组成部分，可谓源远流长，我们今天的面塑艺术正是由中国悠久的面食文化衍生、发展而来的。据文献资料，汉代早已有面塑的记载，宋代《梦粱录》中曾记载着把面塑用在春节、中秋、端午以及结婚祝寿的喜庆日子。

在阳泉也有把面塑称作“面花”和“年馍”的，并将这古老习俗一直贯穿于节庆日子的始终。从年三十到正月十五，乡村中随处可见互送礼馍的欢快场面。

三、面塑特点

阳泉彩色面塑在捏制的过程中，各种色彩的调配不讲求过渡，只观其设色绚丽，通过多种色块的巧妙结合，加之精细的装饰，力求表现出逼真的饰物和各异的神态。通常以民间故事、神话传说、戏剧人物、古典名句为塑造题材，采用传统手工技艺，依照大众的审美观点，以传统的面塑技法与雕塑造型合二为一，产生了全新的视觉效果。

付海云彩色面塑是在继承当地传统面塑的同时，学习和借鉴其他省市面塑的长处，尤其受北京面塑大师王燕的指点，经过多年勤学苦练，形成了自己精益求精的捏塑风格。

付海云捏塑的色彩斑斓的彩面工艺，其造型近似于真人，根据塑造的要求微缩尺度恰到好处，有的体态端庄，有的身段婀娜，有些富于动势。重点是对局部细节的精心刻画，在造型上，根据人物的穿着装扮修饰各部细节。在捏塑人物头发和胡须时都是一根一根捏塑上去的。由于是纯粹用手工一层一层捏塑，一个局部一个局部地修饰，所以在造型上没有雷同，即便是一个题材的作品也能展现出不同的面目。

2014 年，付海云开始全力创作面塑版《清明上河图》，她翻阅大量文献，仔细推敲每个人物的神态表情。1600 多个人物，每个人物 2.5 厘米高；200 多个动物，一只鸭子只有大米粒大小。如今，在付海云的带动和影响下，阳泉彩色面塑呈现出了百花齐放的局面，阳泉彩色面塑在全省的知名度不断扩大，在全国的影响力也得到了进一步的提升。

四、制作流程

（一）制作原料

低筋面粉 500 克、糯米粉 100 克、防腐剂（三梨酸甲或者苯甲酸钠）50 克、白糖或者蜂蜜 50 克、甘油 60 克、水 300 克左右，（看面粉的干湿）把这些材料放入盆中，和好，上锅蒸熟（30 分钟左右），揉润，放入保鲜袋保存。

（二）制作工具

自制塑刀、竹签、剪刀、铁丝、梳子、压纹刀、毛绒等（平时收集可用的东西）。

（三）制作流程

1. 首先是材料上色，用和好的面块把作品需要的颜色揉好；

2. 人物和动物，首先用竹签做支撑，把材料放到竹签上面，刻画出人物或者动物脑袋；

3. 用铁丝将身体姿态做出来；

4. 在铁丝上做出身体，整个身体和衣服的制作方法是从里到外做；

5. 花草等可以里面用细铁丝直接做支撑，通过擀压、压纹等工序制作而成；

6. 作品成形后，放至自然干燥；

7. 彩面塑作品因为材料的独特性，制作出的人物肤色逼真，衣服可以薄如轻纱，惟妙惟肖，是其他雕塑材料无可比拟的。

课后习题

1. 据文献资料，汉代早已有面塑的记载，宋代（　　）中曾记载着把面塑用在春节、中秋、端午以及结婚祝寿的喜庆日子。

A.《梦粱录》　　B.《黄粱梦》　　C.《醒世恒言》　　D.《桃花源记》

2. 阳泉彩色面塑在捏制的过程中，各种色彩的调配不讲求过渡，只观其设色绚丽，通过多种（　　）的巧妙结合，加之精细的装饰，力求表现出逼真的饰物和各异的神态。

A. 色块　　B. 色彩　　C. 色泽　　D. 色相

3.（多选题）阳泉彩色面塑在捏制的过程中，各种色彩的调配不讲求过渡，只观其设色绚丽，力求表现出逼真的饰物和各异的神态。通常以（　　）为塑造题材。

A. 民间故事　　B. 神话传说　　C. 戏剧人物　　D. 古典名句

4.（判断题）2014 年，付海云开始创作面塑版《清明上河图》。1600 多个人物，每个人物 2.5 厘米高；200 多个动物，一只鸭子只有大米粒大小。（　　）

5. 简述付海云面塑的创作题材随着时代变迁所做出的传承与创新。

任务三　晋南非遗面塑

知识点1　万荣面塑——敬献赵王爷的“枣山”

一、传承人（单位）档案

解云仙，女，43 岁，万荣县城关镇下义村人，师承其父亲解殿英学习面塑艺术，1998 年 9 月创办了“中华后土根祖面塑云仙礼品花馍店”。

解云仙面塑是万荣面塑的代表。其父亲解殿英是万荣有名的蒸花馍能手，许多人家过寿、满月都慕名请其蒸馍。解云仙师承父亲的蒸馍手艺，也做得一手好花馍，闻名遐迩。中央电视台“东方时空”栏目、山西黄河电视台和《山西日报》《山西晚报》《三晋都市报》等媒体都曾对她的作品进行过报道。

1999 年，解云仙的面塑“龙凤呈祥”“狮子滚绣球”“猛虎下山”获全国民间艺术展览金奖。2001 年 9 月，解云仙被特聘为山西面食培训中心风味面点教师。2005 年 9 月，其面塑作品入编民间艺术家卷。2006 年 4 月，解云仙参加首届全国民间艺术高层论坛，并现场制作面塑“心相印”荣获银奖。

二、历史渊源

万荣位于山西省西南部、黄河与汾河交汇处，土地肥沃，气候宜人，盛产小麦。据史书记载，早在汉代，人们就开始用白面塑成猪、羊代替真猪、真羊祭祀。此后，这种祭祀办法便在万荣一带沿袭下来。万荣面塑在三国时期，原是军中祭祀用品，后逐渐发展成老百姓的祭祀用品。宋代《梦粱录》中曾记载面塑是春节、中秋、端午以及结婚祝寿的喜庆日子中必不可少的礼品。明代以后，万荣面塑演变成艺术饰品，具有观赏性。明代一些身背工具箱，四处奔波的面塑艺人出现在繁华闹市，他们以此为生计，各施才能以吸引众多观者与买主，如此相互竞争，面塑便成了有意识的创作，客观上提高了面塑技艺。近代，受文人艺术的影响，面塑的内容和形式不断推新，许多王公贵族不惜重金订购作贺礼馈赠亲朋，整体水平产生质的飞跃，表现手段和表现技巧成熟完善。

三、食风食俗

万荣面塑是由风俗习惯久而积淀成的极具代表性的晋南地方文化，是山西面塑艺术的典型代表。万荣花馍，是以小麦为原材料，将生面搓成圆形长条，再按设计卷曲、筷夹、刀切，最后入笼蒸熟，出笼点色而成。

经过几千年的传承与经营，万荣面塑已成为中国传统民间艺术的重要组成部分。人们根据岁时节令，用白面塑成动物、花卉等不同形状，用于祭奠亡魂、祈求神灵，以及走亲访友、人情往来。送给不同身份人的吉祥花馍也是各式各样的：大寿桃祝老年人健康长寿，卷包祝成年男子财运亨通，石榴枣花祝新媳妇早生贵子，书包砚台祝孩子们学好文化、长大成人。最具代表性的面塑是过春节时一种名为“枣山”的大型供品。这种枣山以面卷红枣，拼成等腰三角形，角顶塑一层如意形图案，上面再塑上 3~5 个“小元宝”。同时，还塑上一个供咬铜钱的“钱龙”。这个大型面塑是敬献给灶王爷的，祈盼他“上天言好事，下界保平安”。这些面塑的形式、用途、色彩都与当地民俗活动、民俗风情紧密联系并发展变化着。

万荣面塑多达 100 余种，有着鲜明的民间和地方特色，造型夸张生动，用色明快大方，风格粗犷朴实，并富有稚拙的美感，有着很高的历史和文化价值。

四、制作流程

万荣面塑的制作工艺相当讲究。从麦子的筛选、晾晒、到面粉的加工，从制酵、发面到捏形、蒸制，以及成型、着色等，都是精益求精，制作工艺有以下八道。

（1）凝水：选择优质小麦，用筛子、簸箕簸净土杂，再用水淘洗到水不上色且透明时，而后装进竹篮放在阴凉处凝水。凝水时间不少于12小时。随后将凝了水的麦子晾晒（不可在烈日下暴晒），用牙咬不粘牙时，再装入篮内第二次凝水。第二天再晾晒。直到用牙咬麦，“砰”地破开，麦子的干湿就合适了。这便于麦粒皮与麦粒分离。

（2）选面：专门选取头两遍最白精粉，再用最细的丝制面箩过一遍，去掉其中的粗粉粒和碎麦皮，称为笼面。

（3）发酵：酵子是用传统方法制作的面酵，它不同于市场上的发酵粉或碱面，使用传统酵面蒸制的馍口感极佳，保存时间长。选取少量专门制成的酵母掺进一定数量的笼面，用水搅和后放在温度适宜的地方进行初期发酵，一般以头天晚上搅好，第二天一早酵好为宜。

（4）揉面：酵面发好后，按蒸馍量的多少，掺进等量面粉，用温水和匀后，进行揉制，通常要反复揉不少于八遍，揉出的面以亮光而有弹性、瓷光有筋、软硬适度为标准。软硬度很重要，硬了蒸不虚，易裂口，软了易变形。软硬适度全凭经验感觉。有的和面时在面里加蜂蜜，这样蒸出来的花馍既不干裂，存放期又长，口感也好。

（5）捏形：捏形是面塑制作的关键环节。制作手法大体有搓、挛、捻、擀、剪、切、扎、按、捏、卷等。通常都由公认的能婆婆、巧媳妇担当。她们凭自己的高超娴熟的捏塑技术，根据提前商定好的花馍品种，或主体配件分开捏制，或一体捏制。

（6）醒馍：醒馍就是把捏好的花馍雏形放在温度适宜的地方，用棉被盖好，让其适度发虚。

（7）蒸制：上笼蒸制也很有学问，顺序是开水上笼、急火上气、笼圈封严、不忘放气、大小分蒸、落气出笼。

（8）色：馍蒸好出笼后，要趁热用食品色点染描绘，这样不易落色，鲜艳而逼真。着色后，根据形状总体的需要，用竹签插上肢体与陪衬的面花，组合成一个完整的面塑艺术品。

课后习题

1. 万荣面塑是由风俗习惯久而积淀成的极具代表性的（　　）地方文化。

A. 晋南　　B. 晋北　　C. 晋西　　D. 晋中

2. 以下不属于万荣面塑种类的是（　　）

A. 吉祥物　　B. 花馍　　C. 花糕　　D. 油糕

3. 名为“枣山”的大型供品是（　　）节时献给灶王爷的。

A. 春　　B. 中秋　　C. 端午　　D. 元宵

4.（　　）以后，万荣面塑演变成艺术饰品，具有观赏性。

A. 宋代　　B. 唐代　　C. 清代　　D. 明代

5. 简述万荣面塑的特点。

知识点2　闻喜花馍——有馍就有事

一、传承人（单位）档案

董巧兰，自幼跟随祖母、母亲学习花馍学制技艺，从和面、捏花到组合每一道工序都细心学，在长辈的手把手教学下比较熟练完整地掌握了闻喜花馍的关键工艺技术和操作技巧，其技艺精湛高超。她每逢村里婚丧嫁娶、乔迁、上梁等祭祀活动，就为乡亲制作花馍，作品根据现实活物或设计图样，发挥自己的想象，利用传统技艺，能捏制花草、动物、人物等各种花馍作品，构思巧妙，造型优美，栩栩如生，能满足当地的各种祭祀活动的需求。其传承谱系真实清晰，是家族传承，多年来她致力于闻喜花馍的制作和传承，为本村和邻村的花馍爱好者言传身教，耐心讲授，学习者达百十余人，为闻喜花馍的传承和发展做出了重要贡献。

二、历史渊源

山西省闻喜县被称为“花馍之乡”，闻喜花馍盛行于明清，传承发展到今天，逐渐形成独特的艺术风格和完整的创作体系，具有丰富的文化品位和浓郁的地方特色，被广泛用于节日、婚嫁、寿诞、丧葬、上梁、乔迁等庆贺祭祀活动中。

闻喜县古称桐乡，秦时更名为左邑县，汉武帝刘彻在此欣闻平南越大捷而赐名“闻喜”，隶属于山西省运城市。闻喜位于山西省西南部，运城盆地与临汾盆地的交界处，东与绛县、垣曲相接，北与侯马、新绛相连，西与稷山、万荣、盐湖区接壤，南与夏县相邻。闻喜县历史悠久，自改左邑桐乡为闻喜至今，已有2100余年的历史，名人辈出，古迹颇多。魏晋有地图之父裴秀，唐有中兴贤相裴度，宋有抗金名相赵鼎，清有“戊戌六君子”之一的杨深秀；境内存有唐玄宗所书御碑和韩愈撰文，以及祁隽藻书写的“平淮西碑”。

闻喜历史上是出人才的地方，见之史册的有地理学家裴秀、文学家郭璞、历史家裴松之、法学家裴政以及唐代名相裴度、南宋名相赵鼎、戊戌六君子之一杨深秀等，仅裴氏一门历代做过宰相的有五十九人，做过将军、尚书、御史等的有二百多人。正如宋代名相司马光所说“闻喜士大夫之林薮也”。

2008 年被列为第二批国家级非物质文化遗产，并于 2010 年在上海世博会展出。在 2012 举办的“中国 · 闻喜花馍文化节”上创造了四项世界纪录。

三、食风食俗

闻喜被称为“馍之乡”，342 个行政村几乎每个村都有制作花馍的巧匠，当地有这样的说法，“有馍就有事，有事就有馍”。闻喜花馍除了食用之外，还具有很强的观赏性，其花样繁多，搭配组装成的花馍给人以空灵玄妙、活灵活现之感，其繁而不乱、鲜艳而不失协调的装饰得到人民群众的喜爱。闻喜花馍有花糕、花馍、吉祥物、盘顶四大系列共 200 多个品种。“花糕”非常像现在城市里的蛋糕，是圆形、夹层、上盖合成的圆扁形花馍。“花馍”是用圆形、桃形、鱼形等面团作为花馍主体，出笼后插上所需面花，吉祥物多以动物为主。“盘顶花馍”仍属于祭祀活动中摆在食箩顶节的专用花馍，只能观赏，不能食用。

闻喜花馍制作工艺相当讲究，要经过九道工序：凝水、箩面、制酵、揉面、捏形、饧馍、蒸制、着色、插面花。闻喜花馍和民间的重大礼仪活动有着非同寻常的关系，它被广泛用于节日、婚嫁、寿诞、丧葬、上梁、乔迁等诸多民俗风情活动中。2002 年，县城内花馍铺就有 20 余家；周边邻县和西安、太原、郑州等地都可见“闻喜花馍铺”的牌子。2005 年 8 月 19 日，中央电视台国际频道《让世界了解你》栏目演播室，中国运城市市长胡苏平与美国盐湖城市市长安德森通过国际连线进行友好对话，闻喜民间艺人还现场为安德森表演了花馍面塑制作艺术，并通过胡苏平将一个精美的玉兔面塑赠送给安德森。 2006 年 12 月 18 日，闻喜花馍入选山西省级非物质文化遗产名录。

四、制作流程

1. 将泡打粉、酵母放入面中，搅拌均匀，再加入适量的水，开始和面。将和好的面团盖上保鲜膜，饧 15~20 分钟。

2. 下面剂子，将面剂子搓成长条，压上纹路。将两头放上枣，卷成枣馍。

3. 将两个面团擀成厚薄一致的两个面饼。之后把枣馍围着面饼绕一圈。把上面的一层面饼放上去。

4. 在枣馍上制作花纹。将面团坯子蒸好。

5. 剪花，制作叶子。

6. 组装花馍。组装时，将不同颜色的花错开摆放，让花馍看起来丰富一些。

课后习题

1. 山西省哪个地方被称为“花馍之乡”？（　　）

A. 晋城　　B. 闻喜　　C. 临汾　　D. 大同

2.2008 年闻喜花馍被列为第二批什么级别非物质文化遗产？（　　）

A. 国家级　　B. 省级　　C. 市级　　D. 县级

3.（多选题）闻喜花馍有哪几大系列 200 多个品种？（　　）

A. 花糕　　B. 花馍　　C. 吉祥物　　D. 盘顶

4.（判断题）闻喜历史上是出人才的地方，见之史册的有地理学家裴秀、文学家郭璞、历史家裴松之、法学家裴政以及唐代名相裴度、南宋名相赵鼎、戊戌六君子之一杨深秀等。（　　）

5. 简述闻喜花馍制作工艺要经过的几道工序。

任务四　晋东南非遗面塑

知识点1　大阳面塑——沃土上的奇葩

一、传承人（单位）档案

大阳，古称阳阿，位于山西省泽州县西北部，此地历史久远，民风淳朴，传统文化种类众多，面塑就是生长在这片沃土上的一朵“奇葩”。

宋老肥是大阳古镇面塑非遗传承人，用自己的行动传承着古老的面塑技艺。在大阳，古镇每逢遇到婚丧嫁娶、孩子满月开锁、过节等，人们都会制作面塑。表达着对先人的敬意、对生活的追求、对爱情的祝愿以及对未来的美好期盼。在重要的节日，长辈会制作面塑送孩子、送亲朋，加强感情的联络。

宋老肥的徒弟张凯亮是大阳面塑的第二位传承人，经过长达七年的学习，他逐渐成为制作大阳面塑的一把好手，他和师父一起制作的传统花馍面塑受到了大家的追捧，师徒故事也登上了国家级栏目《非遗中国》的舞台。

二、历史渊源

大阳面塑究竟起源于何时，目前尚无可考的文献记录和实物资料，但当地丰富的民俗生活为面塑艺术的流传提供了丰厚的文化空间，民众周而复始的大量运用更使之兴盛不衰。

大阳面塑以小麦面粉为主料，调成不同色彩，用手和简单的工具塑造各种栩栩如生的形象。面塑作为一种民间的民俗文化代表，饱含着社会人情。

朴实的乡民用灵巧的双手，揉搓捏塑出精致美丽的面塑，表达着对先人的敬意、对生活的追求、对爱情的祝愿以及对未来的美好期盼。同时，面塑也是吉祥文化的一个载体，传达着美好的寓意。人们用面塑这种特殊的形式，传递着人间真善美，传递着对美好的向往。

三、食风食俗

大阳面塑以构思巧妙，大胆夸张为特点。大阳面塑主要以大气、恢宏著称，其中的“青狮白象”“八仙下凡”“凤催牡丹”“枣山”“寿桃”“十二生肖”等作品尤其被人们喜爱。面塑作品中还插有戏剧中的人物和百样以上的花鸟，如孔雀、蝴蝶、荷花、二龙戏珠、鹿驮梅、鱼拱莲等。在大阳古镇每逢遇到婚丧嫁娶、孩子满月开锁、过节等，人们都会制作造型不一的面塑。面塑所用的器具与群众生活中的器具相差不大，有大陶瓷盆、发面缸、擀面杖、切面刀、面板、筷子、食用色素、蒸锅等。

到了 20 世纪七八十年代，当地兴起了许多面塑专业户，民间艺人利用隐喻、暗喻等象征手法，创作出多层次、内涵十分丰富的面塑作品，而这些面塑作品又体现着劳动群众的纯朴意愿与真挚的感情，显现着民俗风情的精神奥秘，美化着人们的生活，慰藉着老乡们的心灵。其作品工艺造型精巧，具有浓郁的民俗性，并不断走向市场。大阳面塑对于研究大阳的社会发展史和风俗史具有非常重要的历史价值。作为山西面食文化的组成部分，大阳面塑的产生综合反映了劳动人民的文化智慧和精神创造，是具有一定文化研究价值的。

四、制作流程

第一步，准备面粉、水等和面用的材料，和成光滑面团；

第二步，使用擀面杖、剪刀、梳子等小工具，采用捏、揉、搓等手法加工成需要的形状；

第三步，将制作好的面塑放入蒸锅中，蒸制成形；

第四步，将制作好的面塑涂上美丽的色彩。

课后习题

1. 大阳面塑以（　　）为特点。在面塑中体现着古镇人民淳朴的意愿和真挚的感情。

A. 造型细腻，制作精美　　B. 构思巧妙，大胆夸张

C. 构思巧妙，造型细腻　　D. 大胆夸张，玲珑小巧

2.（多选题）下列属于大阳面塑的较为有名的作品有（　　）。

A. 青狮白象　　B. 八仙下凡　　C. 凤催牡丹　　D. 枣山　　E. 十二生肖

3.（判断题）大阳面塑究竟起源于何时，目前尚无可考的文献记录和实物资料。（　　）

4.（判断题）宋老肥是大阳古镇面塑非遗传承人，他用自己的行动传承着古老的面塑技艺。（　　）

5. 为什么在大阳古镇每逢遇到婚丧嫁娶、孩子满月开锁、过节等，人们都会制作造型不一的面塑？

知识点2　高平面塑

一、传承人（单位）档案

白仙娥，女，汉族，生于1952年，助理工艺美术师，山西省高平市马村镇马村村人，从小喜欢剪纸、制作耍故事道具、编织花灯、糊裱装、蒸面塑等手工艺品，从事行业已近50年。为省级非物质文化遗产项目代表性传承人，山西省工艺美术家协会理事，山西省民间剪纸艺术家协会会员，晋城太行乡土文化研究会理事，晋城市民间文艺家协会会员，高平市民俗协会副会长。

2004年5月，白仙娥参加市非物质文化遗产面塑大赛，被山西省民间文艺家协会，山西省民间工艺美术协会评为“山西省二级民间工艺美术师”。

二、历史渊源

高平古称长平，据考古发现，最迟于旧石器时代晚期，高平就已有人类聚居；高平市是尧封丹朱、神农播种、蚩尤冶铁等神话故事的发源地；高平境内现有长平之战遗址群、炎帝陵、羊头山石窟等古迹多处，是汉代名将陈龟、晋代医学家王叔和、元代水利家贾鲁等历史名人的故里，也是太行太岳革命老区、“煤铁之乡”“黄梨之乡”“生猪之乡”和“上党梆子戏曲之乡”。

高平市有黑陶、刺绣、电脑数码绘画、真丝挂毯、农家女千层底布鞋、面塑、剪纸、根雕等一大批文化产品，“高平刺绣”被列入国家级非物质文化遗产，每年举办中国高平炎帝农耕文化节。

高平面塑历史悠久，但究竟起源于何时，目前尚无可靠的文献记录和实物资料。高平市丰富的民俗生活为面塑艺术的流传提供了肥田沃土，周而复始的大量运用更使之兴盛不衰，民间艺人利用隐喻、暗喻等象征手法，创作出多层次、内涵十分丰富的面塑作品，而这些面塑作品又体现着劳动群众的纯朴意愿与真挚的感情，显现着民俗风情的精神奥秘，美化着人民的生活，慰藉着老乡们的心灵。

三、食风食俗

面塑，俗称蒸花馍，是一种古老的传统民俗艺术，是民族文化的重要组成部分，在山西省广大农村，逢年过节都有做面塑的习俗，其中以高平最为盛行，高平面塑内容丰富、造型精美、形象独特、品种繁多，涉及许多农俗活动，有着浓郁的民间色彩。

一个大型的高平面塑需要用二三十斤面粉，造型上通体呈放射状，上面有戏剧人物，中间有动物图案，周围要插上几十种甚至上百种花，制作完成后，观看起来花蓬蓬，端起来颤悠悠、忽闪闪，光彩夺目。

民俗活动和节日活动中，面塑不仅有实用价值，还有观赏价值，现在已经成为民俗文化的重要组成部分，对于我们研究民俗文化和历史都很有价值，鲜艳的色彩、吉祥的寓意、传统的手艺，有一种原生态艺术的强烈冲击，高平面塑能启迪人的智慧，给人美的享受。

四、制作流程

第一步，制作面团：(1) 雪花粉：糯米粉：蜂蜜：防腐剂=10：2：1：1，另加食盐少许，搅拌均匀，加入开水，边加边搅拌，反复揉至表面光滑后放回盆里醒面两个小时。(2) 面团醒好后继续反复揉至表面光滑，压扁后上笼屉蒸三十分钟，取出，趁热反复揉制面团，使其有弹性、表面光滑，拉一拉有柔韧感即可。

第二步，配色：可以配食用色素，也可以配水彩颜料，把色素挤在压扁的面团表面包裹起来折叠，拧成麻花状，反复揉捏、反复拧拉，让染色分布均匀，揉至表面光滑即可使用。

第三步，仕女做法：(1) 取一块肉色面团，包裹在牙签上，收口捏成上宽下窄的瓜子脸，在上三分之一压出眼线，竖着压出两道鼻沟，往上推出鼻头，再压出唇纹，用红色面团点出樱桃小口，用黑色面团点出眼线、眼珠、眉毛，为了增加黏合力，头上刷水。(2) 把黑色面团搓成球压出片，贴到头顶做出发型大样，用面塑雕刀分出发型，压出发丝，再搓出一条发髻装在头上，再用粉色面团做头花、黄色面团做花心、绿色面团做叶子装饰，用梳子把白色面条做出珠环放在头上，头部就做好。(3) 事先准备好支架，把头固定在支架上，用肉色面团塑出脖颈，圆润挺拔，然后捏出胸部，圆润丰满，用肉色面团塑出身体大形，做黄色衣裙压在胸部，再做项链，粉色大片围在身上做出衣服，再做米色丝带，用花饰进行点缀即可。

课后习题

1. 高平古称长平，据考古发现，最迟于（　　）就已有人类聚居。

A. 新石器时代早期　　B. 新石器时代晚期

C. 旧石器时代早期　　D. 旧石器时代晚期

2. 高平面塑的传承人是（　　）。

A. 崔爱琴　　B. 白仙娥　　C. 李小娥　　D. 王红琴

3.（多选题）高平十大碗包括水白肉、核桃肉、水氽丸子、小酥肉、肠子汤、豆腐汤、芥末粉皮汤和（　　）。

A. 天和蛋　　B. 丸子汤　　C. 软米饭　　D. 扁豆汤

4.（多选题）高平市素有（　　）之乡。

A. 煤铁　　B. 黄梨　　C. 生猪　　D. 上党梆子戏曲

5. 简述高平烧豆腐的典故。

项目六　华夏面食的地域名片

任务一　华东地区

知识点1　江浙阳春面

一、地方风物

阳春面又称清汤面、光面、清汤光面。其最早叫清汤面，就是因为除了面和汤就没有其他原料。

阳春面是江浙地区的著名传统面食，扬州、苏州、常州、高邮、上海、无锡、淮安几地对阳春面尤为喜爱，口味不同且面馆众多。

二、历史渊源

据记载，乾隆二十七年，阳春三月乾隆皇帝南巡到淮安。他避开了文武百官，带着汪廷珍在城内闲逛，来到了一个面摊点了碗面条，一会儿工夫老板把面端上来了，只见面条根根利爽，面汤清澈见底，汤上浮着金色的油花和翠绿色的碎葱花，同时阵阵香味扑鼻而来。乾隆皇帝吃完后，突然问老板这面叫什么名字？老板说："我们没给它起名字。"乾隆皇帝心想，这么好的面条怎么没有名字，于是深思片刻说："淮安是漕运要地，每年上缴朝廷税收很多贡献很大，现在正是阳春三月，这个面就叫'阳春面'。"寓意淮安向朝廷缴税就像春天万物生长一样生机勃勃，又像这面条一样连绵不断。汪廷珍听后赶紧叫人拿来笔墨纸砚，请乾隆御笔赐名"阳春面"。

三、食风食俗

阳春面既是一种最常见的面，更是江南汤面的基底，配上各种浇头，又能把淮扬菜的料理功夫发挥得淋漓尽致。南北对汤面的态度完全不同，北方在面上下足了功夫，南方则更看重那碗汤，面则是单一的碱水细面，只求口感清利反而更能衬托汤和浇头。阳春面的核心是汤，对汤的极力追求才有了阳春面汤宽面少的吃法，汤上放上“浇头”，阳春面摇身一变成了各种名噪一方的浇头面，如三虾面、黄鱼面、爆鳝面、大排面等。汤头分有酱油的红汤和无酱油的白汤。红汤是清汤加入特制的酱油，当地称作“露”，制露用酱油配合各种调料熬制而成，各家有各家的独门制露秘方，作用是上色提鲜，扬州、高邮一带制露还加入了高邮湖的青虾虾子，被江苏人形容成“鲜到眉毛掉下来”。白汤是用小火吊出的高汤，各地做法不一，以苏州最为繁复，要用猪骨、鸡架、鳝鱼骨、螺蛳、青鱼鳞片用小火慢吊，不油不腻、汤色清澈。猪油是汤头的灵魂，用隔年黑猪网油配上本地小香葱，小火慢熬而成又称“白雪油”，入汤时哪怕加上一点点也是阳春面的点睛之笔。煮面必须用大锅沸水，面条丢进大锅后一沸两沸三沸，根据客人要求分别煮出软硬不同的口感，用长筷挑出后入竹漏勺滤水再挑出，一折三回放入盛入汤水的面碗，长筷抽出面条根根整齐爽利、纹丝不乱，再撒一小把青蒜，一碗一清二白的阳春面就呈现在食客的眼前。

四、制作流程

（一）制作原料

碱水细面 50 克、沸水 100 克、盐 2 克、味精 2 克、胡椒粉 1 克、黑猪网油 2 克、葱花 5 克。

（二）制作流程

第一步，碗内加入盐 2 克、味精 2 克、胡椒粉 1 克、黑猪网油 2 克，倒入沸水 100 克做成面汤；

第二步，将 50 克碱水面条下入沸水锅里煮开，加适量的凉水后继续加热，见面条浮起即可；

第三步，将面条按顺序挑入碗中，撒上葱花即可。

五、成品口味

制作好的阳春面汤清味鲜，清淡爽口，且含有蛋白质、脂肪、碳水化合物，还能提供人体必需的维生素 B 族和部分矿物质。

课后习题

1. 陪乾隆皇帝在淮安南巡时，吃阳春面的大学士是（　　）。

A. 汪廷珍　　　B. 福敏　　　C. 讷亲　　　D. 福尔康

2.（判断题）阳春面名字的由来和春天有很大的关系。（　　）

3.（判断题）阳春面对于面条的粗细有严格的限制。（　　）

4. 简述阳春面的制作过程。

知识点2　镇江锅盖面

一、地方风物

镇江是一座底蕴深厚、人文荟萃的历史文化名城。镇江有 3000 多年文字记载的悠久历史，是吴文化的重要发祥地，也是《文心雕龙》《昭明文选》《梦溪笔谈》等巨著的诞生地。“何处望神州，满眼风光北固楼”“洛阳亲友如相问，一片冰心在玉壶”“我劝天公重抖擞，不拘一格降人才”，历代文人墨客在镇江留下的名篇佳句，千百年来一直为人们传诵。

二、历史渊源

镇江是一座历史悠久的江南文化名城。据出土文物及史籍考证，古属禹贡九州之扬州，西周初期为宜侯封地，北宋更名为镇江。镇江具有真山真水的独特风貌，以“天下第一江山”而闻名四方。金山之绮丽，焦山之雄秀，北固山之险峻，丰姿各异，人称“京口三山甲东南”；南郊的鹤林、竹林和招隐三寺，山岭环抱，林木幽深，又延伸入城，被誉为“城市山林”。镇江不仅自然风景见长，而且文物古迹星罗棋布：享誉千古的金山江天禅寺、久负盛名的焦山碑林、别具风情的宋元古街、精巧独绝的过街石塔、隐于苍松翠柏中的昭明太子读书台、雕塑珍品六朝陵墓石刻、风景名胜西津古渡等，记录下了这座古老城市的漫长足迹，也吸引了无数古今中外的文人墨客。

有句话说“不到长城非好汉，不尝‘三怪’太遗憾”。这里的三怪，就是镇江“三怪”。“香醋摆不坏、肴肉不当菜、面锅里面煮锅盖”，其中面锅里面煮锅盖指的就是镇江锅盖面，也称镇江小刀面，有 150 多年的历史，是镇江一道老少皆宜的地方特色传统美食。

三、食风食俗

锅盖面鲜，鲜在汤料醇厚，丰俭由人。汤料有红汤、白汤之分。用小鱼炒成汤鱼，加上猪腿骨与姜、葱、料酒、豆油、荤油熬制成的白汤下面，叫白汤大面；红汤即酱油面，关键是选用百年老厂恒顺集团生产的优质酱油为底熬成秘制酱油，下面时再放麻油、荤油。吃法上还可分干拌和汤吃，由顾客自选。

锅盖面好，好就好在“跳面”的柔韧。通过上下颠跳、反复挤压成面皮，用刀切成或宽或细的形状，由于不是机压，面条更易于吸收汤汁，对面团反复跳压、折叠、再跳压，直至达到认可的柔韧度。它外观简单，内在精致。

锅盖面奇，奇就奇在“面锅里煮锅盖”。下好面条，要掌握多种要领，火候、水温、速度、眼力、记忆力缺一不可。水开后，师傅从匾中抓出不同的面条迅速投入小锅盖四周，锅中的沸水由于锅盖的压制，只能在四周有序地翻小浪，掀不起大浪，而面条在锅盖的规制下十分“老实、安稳”，互不缠绕，也不会浑汤。

四、制作流程

（一）制作原料

所需材料：面条 100 克，酱油 25 克，绵白糖 1 克，鸡精 5 克，虾米 1 克，青头 10 克，熟猪油 15 克。

（二）制作流程

第一步，将锅放在中火上，加入清水 250 克，虾米下锅煮沸，3 分钟后，放入绵白糖、鸡精、熟猪油、青头，溶解完后倒入酱油，烧沸离火，装入碗内待用。

第二步，锅里放清水烧沸，放入面条，盖上小锅盖；面锅滚沸后，加适量清水，使面条熟透，大沸时揭去锅盖，清除浮沫，捞出面条放入待用碗内即可。

五、成品口味

镇江锅盖面汤清面软，不粘不乱，整体绵柔醇香、软硬适度、众口同爱。锅盖面的美，美在浇头嫩滑，唇齿留香，备有各种荤、素原料，如肉丝、猪肝、腰花、长鱼、鸡蛋等在面锅里生烫成熟，鲜嫩、爽滑、不粘牙、筋道。

课后习题

1.“甘露寺刘备招亲”传说的发源地与（　　）城市相关。

A. 郑州　　B. 西安　　C. 镇江　　D. 合肥

2.（多选题）镇江“三怪”是指（　　）。

A. 香醋摆不坏　　B. 窗户纸糊在外　　C. 肴肉不当菜　　D. 面锅里面煮锅盖

3.（判断题）镇江锅盖面的汤料有红汤、白汤之分。（　　）

4. 简述镇江锅盖面的锅盖作用。

5. 简述镇江锅盖面的成品口味。

任务二 东北和华北地区

知识点1 朝鲜族冷面

一、地方风物

延边朝鲜族自治州位于吉林省东部，地处中国，俄罗斯和朝鲜三国的交界处，邻近日本海，是我国朝鲜族的最大聚居地区和东北唯一的少数民族自治州，浓郁的人文风情，使延边享誉中外。

朝鲜族冷面，起源于高丽朝时期，已有200多年的历史。朝鲜族冷面，是从19世纪末随朝鲜族人口迁入并传入中国的，至今约有150年，是我国朝鲜族最具代表性的饮食。朝鲜族也有非常多的别具一格的特色食品，如辣白菜、紫菜包饭、炒年糕等，朝鲜族人民对汤情有独钟，须臾不能离开，其汤文化堪称一绝。

二、历史渊源

据记载，冷面发源于19世纪中叶朝鲜的平壤和咸兴地区，距今已有200多年的历史。19世纪末，朝鲜族冷面随朝鲜族人口迁入并传入中国，至今约有150年。

朝鲜族冷面的起源历史悠久，工艺独特，是朝鲜族人民在长期的生产生活中创造并不断丰富和发展起来的，具有鲜明的民族特色和地区特点，既具有朝鲜族文化的民族性，又具有历史、民俗文化和学术研究价值。朝鲜族自古有在农历正月初四中午吃冷面的习俗，据说这一天吃上长长的冷面，就会长命百岁，故冷面又被称作“长寿面”。

因此，凡遇喜庆节日或婚嫁娶，或宾客至，冷面是待客的最好食物。可以说冷面是中国朝鲜族最具代表性的饮食。

三、食风食俗

朝鲜族冷面的原料多为荞麦，现代医学证明，荞麦粉营养丰富，有降低血脂和胆固醇、软化血管的作用。此外，由于冷面五味搭配得宜，而且在冷面制作过程中不添加任何添加剂，被称为纯绿色健康食品。冷面的制作比较复杂，要按适当比例将荞麦粉、面粉、淀粉等掺和均匀，压成细细的面条，用精牛肉或鸡肉熬汤。做汤时，一定要待汤冷却后撇除浮油才能用。面条下锅煮熟后，盛放于大碗内，上面要放香油、胡椒面、辣椒面、味素等调料，浇上肉汤，再放上牛肉片、鸡蛋丝或切成瓣的熟鸡蛋、苹果片或梨片，吃起来格外开胃、爽口。

四、制作流程

第一步，煮制牛肉：将牛肉切大块浸凉水洗净，放进凉水锅里以旺火煮开后，撇去表面漂浮的血沫，然后放入酱油及精盐，改微火炖；另将葱、胡萝卜装入一特制小布袋里并放入锅中，待牛肉完全炖熟时，捞出放置案板上，等其晾凉时切成小薄片，牛肉汤稍过滤后放入容器内待用。

第二步，面条制作：首先将荞面、淀粉按一定比例混倒在和面盆里，以开水烫成稍硬的面，加适量碱后揉好，制成圆条备用。其次将制成的圆条放入特制的挤筒内，快速压制成面条后随即入开水锅里煮，面条熟后再放入凉水中过凉，然后装碗上桌。

第三步，调味配菜：面条上放时令蔬菜及几片熟牛肉，浇上蒜辣酱，然后再放上梨片、熟鸡蛋，最后浇上牛肉汤，撒上熟芝麻，淋上香油即成。

五、成品口味

朝鲜族冷面以其独特的风味享誉国内外，其具有以下三个特点。

首先是其具有朝鲜族饮食习俗特点；其次是其制作工艺精细；最后是其风味独特。

朝鲜族冷面的面条细质韧，汤汁凉爽可口，酸、甜、咸、辣、鲜五味俱全，无膻味，不油腻。

课后习题

1. 朝鲜族人民有在（　　）吃冷面的习俗。

A. 正月初一　　B. 正月初四　　C. 正月十五　　D. 正月二十五

2. 朝鲜族冷面面条制作的主要原料是（　　）。

A. 荞面　　B. 莜面　　C. 绿豆面　　D. 红面

3.（多选题）延边朝鲜族特色美食有（　　）。

A. 炒年糕　　B. 冷面　　C. 辣白菜　　D. 寿喜锅

4.（判断题）朝鲜族冷面一般配的肉是牛肉。（　　）

5.（判断题）冷面发源于19世纪中叶朝鲜的平壤和咸兴地区，距今已有200多年的历史。（　　）

知识点2　老北京炸酱面

一、地方风物

北京，简称京，是中华人民共和国的首都，是全国的政治中心、文化中心、国际交往中心。北京历史悠久，文化灿烂，是首批国家历史文化名城、中国四大古都之一和世界上拥有世界文化遗产数最多的城市，三千多年的建城史孕育了故宫、天坛、八达岭长城、颐和园等众多名胜古迹，也孕育了北京烤鸭、卤煮、驴打滚儿、炸酱面等著名小吃。

二、历史渊源

炸酱面产生于清晚期，繁盛于20世纪六七十年代。北京人喜食炸酱面食俗的产生，得益于清朝中叶北京外城商业都会的发展，其改变了京城以米为主的粮食供应结构。《北京通史》记载：清后期北京居民的细粮主食以白面为主，土人喜食麦，故种之最广。

吴正格先生写的《中国京东菜系》曾记载：北京市东城区隆福寺街有一家叫灶温的饭馆，茶客们有时自带鱼蔬面食，店家就代炒、代蒸、代为煮制面条，到后来店家将茶馆改名为灶温“茶食馆”。20世纪80年代，当初灶温茶食馆经常给茶客制作炸酱面条，厨师的肉末炒干技术很高超，炒制的肉末酱独具风味，北京当时流传要吃炸酱面，必到灶温去。这里所提及的“灶温”饭馆是北京城经营炸酱面历史较早、较有名气的店家之一。

三、食风食俗

老北京炸酱面是北京地区一道传统的特色面食，也是中国五大传统面食之一。作为北京饮食文化的重要组成部分，老北京炸酱面独特的口感和丰富的味道让许多人难以忘怀。它是一种简单而美味的食物，也是北京的一张美食名片。

老北京人大多会自己擀面条、拉面条，配上各种调料和面码，如生黄瓜丝、豆芽之类，再浇以肉末浓汁，称为打卤面。夏季常吃过水凉面、肉末炸酱面、芝麻酱面等。

20世纪60年代初的“三年自然灾害”特殊情况下的大豆供应，又将老北京炸酱的食风势头推向了极致。独具特色的老北京炸酱面之所以名扬海内外，是因为其中蕴含着满族文化再造过程中折射出的皇戚贵族颇为讲究的“谱儿”“范儿”“派头”，以至引发开来的食趣。

除了口味上的美妙之外，老北京炸酱面也有着与之相配套的文化氛围。想象一下，在热气腾腾的面馆里，人们围坐在独特的方桌边，用筷子夹起一口酱香浓郁的面条，细细品味其中的滋味。或许，你会在这里听到当地人讲述古老的故事和民间传说；或许，你会在这里结识到志同道合的吃货朋友。老北京炸酱面不仅是一种食物，更是一个有趣的社交场所和记忆的源泉。

四、制作流程

（一）制作原料

五花肉和后腿肉 3∶7 比例切成碎肉 5 斤，色拉油 2 斤，葱、姜、蒜、洋葱丁各 250 克，西红柿丁 250 克，永川豆豉 150 克，丹丹郫县豆瓣酱 250 克，鲜香菇丁 2 斤，鸡精、味精各 80 克，海天蚝油 130 克，白糖 80 克，海天黄豆酱 250 克，葱伴侣甜面酱 500 克，大料、老抽适量，面条 100 克，黄瓜丝适量，胡萝卜丝适量，茄汁黄豆适量，香葱适量，煮熟豆芽适量，炸酱面肉酱 1 大勺。

（二）制作流程

第一步，起锅烧油 2 斤，油温 200℃左右，加入 250 克姜末炒出香味，成金黄色。

第二步，放入洋葱丁、葱丁各 250 克，炒出香味至葱花微微打卷。

第三步，加入永川豆豉 150 克，微炒一下。

第四步，加入豆瓣酱 250 克，中小火炒出豆瓣酱红油及水分并出香味。

第五步，加入鲜香菇丁 2 斤，中火炒制香菇至熟。

第六步，加入西红柿丁 250 克，炒化西红柿。

第七步，加入碎肉 5 斤，炒出水分、油分，中小火炒熟

第八步，加入鸡精、味精各 80 克、蚝油 130 克、糖 80 克、黄豆酱 250 克，微炒均匀。

第九步，加入葱伴侣甜面酱 300 克，炒匀。

第十步，加入碎蒜 250 克，大料 50 克、老抽 50 克上色，继续翻炒几分钟即可。

第十一步，下锅煮面，将煮好的面放入碗中备用。

第十二步，碗中放入黄瓜丝、胡萝卜丝、茄汁黄豆、煮熟的豆芽，香葱点缀然后放入炸酱面肉酱 1 大勺即可。

五、成品口味

老北京炸酱面有着独特的口感和丰富的营养价值。

首先，其制作上主要原料是面条和炸酱，在炸酱的基础上可以加入蔬菜、豆腐、肉片等配料，使口感更加丰富；面条要煮得筋道，炸酱要使用五花肉炒制（提升了香气）；味道浓郁的炸酱与咸香的面条相互融合，让人在咀嚼过程中感受到食物的丰满和口感的层次，回味无穷。

其次，炸酱面中也常配以绿色蔬菜，为身体提供多种维生素和矿物质；面条富含

碳水化合物，是一种理想的能量来源；炸酱中的肉类和豆制品则提供了丰富的蛋白质和必需的氨基酸。

课后习题

1.（多选题）北京等著名的小吃有（　　）。

A. 烤鸭　　B. 卤煮　　C. 驴打滚儿　　D. 炸酱面

2.（多选题）以下属于制作老北京炸酱面原料的有（　　）。

A. 五花肉　　B. 干黄酱　　C. 辣椒油　　D. 甜面酱

3.（判断题）北京历史悠久，文化灿烂，是首批国家历史文化名城、中国四大古都之一和世界上拥有世界文化遗产数最多的城市。（　　）

4. 描述老北京炸酱面的成品口味。

5. 中国五大传统面食是什么？

任务三　华中地区

知识点1　武汉热干面

一、地方风物

武汉是湖北省省会，又称“江城”，由武昌、汉口、汉阳三镇组成。武汉市地处江汉平原东部、长江中游，长江及其最大支流汉水在此交汇，形成武汉三镇隔江鼎立的格局，市内江河纵横、湖港交织，水域面积占全市总面积的四分之一，被评为国际湿地城市。作为中国经济地理中心，武汉素有“九省通衢”之称，是中国内陆最大的水陆空交通枢纽、长江中游航运中心，其高铁网辐射大半个中国，是华中地区唯一可直航全球五大洲的城市。

二、历史渊源

热干面的发明人是食贩李包。20 世纪 30 年代初，李包在汉口长堤关帝庙一带靠卖凉粉和汤面为生。有一天天气异常炎热，李包还有剩面未卖完。他怕面条发馊变质，便将剩面煮熟沥干，晾在案板上。一不小心碰倒案上的油壶，一壶麻油全泼在面条上，李包心疼不已，只好将面条用油拌匀，重新晾放。第二天早上，李包将拌油的熟面条放在沸水里稍烫，捞起来沥干放入碗中，加上卖凉粉用的调料拌匀，希望能卖出去减少损失。结果这面条热气腾腾、香气四溢，吸引得人们争相购买。大家吃得津津有味，问他卖的是什么面，他脱口而出说是麻酱面。从此他就专卖这种麻酱面，生意也越来越红火。

又过了几年，一个叫蔡明伟的黄陂人，看准了麻酱面中的商机。他雇了几个心灵手巧的伙计，在汉口中山大道车水马龙的满春路口，开一家面馆。面馆取名“蔡林记”，有“集木为林，财源茂盛”之意。走南闯北的蔡老板是个有心人，用了好几年工夫对麻酱面的工艺反复加以改进。1950 年税务登记时，蔡明伟为自己的麻酱面正式命名为“热干面”。

三、食风食俗

武汉历史悠久，占尽九省通衢之便利，形成了独具特色的菜肴和名目众多的风味小吃。武汉菜的花色品种较多，注重刀工火候，讲究配色与造型，尤其以煨汤技术最为独到。著名的菜点有清蒸武昌鱼、黄焖甲鱼、皮条鳝鱼、橘瓣鱼圆、洪山菜薹炒腊肉、黄陂三合等。

到了武汉一定要吃到这四样东西：蔡林记的热干面、老通城的三鲜豆皮、小桃园的瓦罐鸡汤、四季美的汤包，这四家店都开在汉口的商业闹市区，而且还开了不少分店。

四、制作流程

第一步，和面：面粉中要加入食盐和碱，三者比例为 250 ∶ 2 ∶ 1，碱使用前先化水存放一天，成品面条直径控制在 1.5~1.6 毫米。

第二步，掸面：掸面要用大锅、大火，每次下面 2 千克，煮沸后加生水，用长筷子上下翻动，防止面条成团。上盖再煮沸，待面条出现透明质感，即八成熟后起锅。快速淋生水一次沥干，摊在案板上淋上熟油拌开，一般 25 千克的面淋 1.5~2 千克的油。

第三步，烫面：水沸后，用笊篱盛面在沸水中来回浸烫数次，待熟透滚热后迅速盛入碗中。

第四步，制作配料：准备上好酱油 10 克，香醋 4 克，胡椒 0.5 克，味精 0.5 克，芝麻酱 15~18 克，小麻油 5 克，酱红白萝卜丁各 4 克，香葱 5 克。混合以上配料，注意酱油中要按 50 ∶ 1 的比例溶入绵白糖。

第五步，芝麻酱制作：白芝麻或黄芝麻用中火炒熟，炒至有香味，口感脆爽时起锅，再用搅拌机打碎，石磨研磨成芝麻酱，最后在芝麻酱中加入四成小麻油。

第六步，取 150 克面条烫熟放入碗内，加入步骤四的配料即可。

五、成品口味

热干面色泽黄而油润，味道鲜美，由于热量高，也可以当作主食，营养早餐，补充人体所需的能量。

课后习题

1.1950 年税务登记时，(　　) 为自己的麻酱面正式命名为“热干面”。

A. 蔡明伟　　B. 李包　　C. 张伟　　D. 赵四

2.（多选题）制作武汉热干面时，需要的原料有（　　）。

A. 净面　　B. 辣萝卜丁　　C. 花生碎　　D. 香葱末

3.（判断题）热干面色泽黄而油润，味道鲜美，由于热量高，也可以当作主食，营养早餐，补充人体所需的能量。(　　)

4.（判断题）热干面是中国五大传统面食，也是南京市最出名的小吃之一，深受人们喜爱。(　　)

5. 请简述武汉热干面的掸面过程。

知识点2　河南烩面

一、地方风物

河南，国之中央，古称中原，简称“豫”，地处中国中东部、黄河中下游，省会郑州，因其大部分位于历史上的黄河中下游以南，故名河南，与山东、河北、山西、陕西、湖北、安徽接壤，承东启西、联南望北。

河南是华夏文明和中华民族的核心发祥地、华夏历史文化的中心，曾长达五千年居中国政治、经济、文化、交通中心，更是诞生了洛阳、开封、安阳、郑州等举世闻名的中华古都，中国八大古都河南占其四，同时还拥有商丘、南阳、濮阳、许昌、新郑等古都，为中国古都数量最多最密集的地区。中原文化、河洛文化、汉字文化、姓氏文化、根亲文化、三商文化、礼仪文化、圣贤文化、诗词文化、武术文化、戏曲文化等博大精深，是道家、墨家、法家、名家、纵横家等思想的发源地。全省现有全国重点文物保护单位 355 处，总数量居全国首位，地下文物和馆藏文物均居全国首位。

二、历史渊源

唐太宗李世民在登基前的一个隆冬雪天，患寒病落难于一回民农院。回民母子心地善良，将家养的角似鹿非鹿、头似马非马、身似羊非羊、蹄似牛非牛的“四不像”

屠宰炖汤，又和面想做面条为李世民解饿。但追敌逼迫，情形紧急，老妇人草草将面团拉扯后直接下入汤锅，煮熟后端给李世民。李世民吃得满身冒汗、暖流涌身，不觉精神大振，寒疾痊愈，于是策马谢别。李世民继位后，整日山珍海味倒觉不出什么滋味，就想起吃过的回民母子做的面，想到他们的救命之恩，便派人寻访回民母子，以厚礼加赏赐。还真是不负有心人，终于找到了那对母子。太宗又命御厨向老人拜师学艺。从此，唐宫廷御膳谱上就多了这救命之面——麒麟面。

后来，因为“四不像”极其稀少，觅猎困难，武则天为此杀了几个贡使仍无济于事，只得取山羊代替“四不像”，麒麟面也改称山羊烩面。但是经御厨、御医鉴定其口感滋味和医用价值都不亚于麒麟面，于是羊肉烩面便成为宫廷名膳，长盛不衰。

清代八国联军打进北京城，慈禧太后逃到山西避难，仍牢记烩面补身祛寒，多次差遣总管李莲英诏贡山羊做烩面食用，及时解除了寒疾病险。直到清末满汉全席宗师御厨庞恩福因不甘宫廷御膳房苛律束缚，逃出皇宫隐居黄河河南段后，正宗的烩面才传艺民间。

随着时代的发展，烩面日益受到人们的肯定和青睐。

三、食风食俗

（一）方城烩面

方城烩面被称为“众口好调的烩面”。南阳方城烩面是所有吃货都会伸大拇指夸赞的烩面，也是河南被称为“众口好调的烩面”。方城烩面里只有汤、面、菜、肉，没有郑州烩面里的海带丝、千张丝、鹌鹑蛋、黑木耳。所以方城人说，郑州的烩面杂七杂八混在一起像大杂烩，吃不惯。方城的烩面讲究汤要浓白、面要筋道、肉要绵软、菜要青翠、碗要大气、片要扯匀、料要辣香。面用高筋粉，加上盐水揉，拍成一片一片抹上香油醒三个小时。羊肉煮熟，切成块状。最关键是熬汤，一口锅文火炖着羊骨架，加入秘制香料，熬得像牛奶。另外，还要用羊油炸辣椒粉当调料。炸出的辣椒油凝固后，必须一半黄一半红。面出锅时放上菠菜，浇两勺高汤和一勺羊肉，撒上大把香菜蒜苗，点一滴香油提味去膻。这样一碗羊肉烩面，方城人说，可以温暖整个冬季。

（二）尉氏烩面

一定要放芝麻酱的烩面。与其他流派烩面不同，正宗的尉氏烩面一定要放芝麻酱。尉氏烩面的特点是不放海带丝、千张丝、粉条、青菜、黄花菜，也不放鹌鹑蛋。无论羊肉放多少，烩面是一定要下在羊肉汤里的，盛面的海碗碗底一定要有芝麻酱，一定要有生葱花。而烩面主料——面坯，加盐、鸡蛋，因此比郑州烩面更为筋道、弹滑。

（三）荥阳烩面

荥阳烩面荤、素、汤、菜、饭，兼而有之，汤白味浓、香而不腻，爽口润胃，老少皆宜。其特点是汤浓酽醇厚；面光滑筋道；香喷喷、热乎乎、白嫩嫩的羊肉掺和在米黄色的汤里，再加上晶莹可口的指宽面条，添配些许小葱香菜，顷刻间香气扑鼻，余味无穷。荥阳烩面又分羊肉烩面、牛肉烩面、高汤烩面等多种类型，各有特色，异彩纷呈。

四、制作流程

正宗的"羊肉烩面"的制作必须经过熬羊肉汤、制作面坯、准备调配料、拉面煮面四道工序，而每道工序中又有若干个小步骤，其中原料用量均以 50 碗计算。

（一）熬羊肉汤

1. 制作原料

羊肉 3000 克，羊骨架 6000 克，羊油 750 克，生姜 100 克，大葱 250 克，花椒 10 克，八角 15 克，山柰 5 克，桂皮 5 克，小茴 5 克，草果 5 克，良姜 5 克，丁香 2 克，精盐、料酒各适量。

2. 制作流程

第一步，将羊肉切成大块，同羊骨架一起用清水洗净，再放入清水中浸泡约 1 小时后捞出；羊油洗净切成丁；生姜拍破；大葱挽结；将花椒、八角、山柰、桂皮、小茴、草果、良姜、丁香用纱布包住，制成香料包。

第二步，将羊骨架放不锈钢桶中，掺入清水约 60 千克，用大火烧沸后，撇净浮沫，再放入羊油丁、生姜、大葱，倒入料酒，用中火煮约 2 小时后，放入香料包，续煮约 1 小时至香味溢出时，放入羊肉块，改用小火煮约 5 小时，至羊肉酥软时，调入精盐，将羊肉捞出晾凉，另将汤面上的浮油撇净留用，即成羊肉汤，此时桶中汤汁约剩 45 千克。

（二）制作面坯

1. 制作原料

高筋面粉 10 千克、精盐 200 克、色拉油适量。

2. 制作流程

第一步，将面粉与精盐和匀，再加入清水约 4 千克，揉成稍硬的面团后，盖上湿纱布饧约 10 分钟。将面团反复揉搓，然后再给面团盖上湿纱布饧约 10 分钟。揭开纱布，再揉搓至面团表面光滑，接着将面团搓成直径约 6 厘米的长条，然后下成每个重 125 克的剂子。

第二步，将每个面剂搓成长 15 厘米、直径约 3 厘米的圆条，盖上湿纱布饧约 5 分钟后，再用擀面杖擀成 15 厘米长、8 厘米宽、1.5 厘米厚的长方形面片，并在面片上均匀地抹少许色拉油，即成烩面面坯，将其整齐地摆入托盘内，用保鲜膜盖严，约 20 分钟后即可进行抻拉。

（三）准备调配料

1. 制作原料

羊肉 1500 克，豆腐皮 600 克，水发粉丝 600 克，水发黄花 600 克，水发木耳 600 克，香菜 300 克，当归、枸杞各 30 克，精盐、鸡精、味精、鲜味王、香油、羊油、糖蒜、油炸辣椒各适量。

2. 制作流程

第一步，熟羊肉切成丁；豆腐皮洗净切成丝；水发粉丝切长节；水发黄花撕成细丝；水发木耳撕成小块；香菜洗净切节；当归、枸杞用清水浸泡 10 分钟；糖蒜、油炸辣椒分别装入小碟内。

第二步，将羊肉丁、豆皮丝、粉丝、黄花、木耳分成 50 份；将当归、枸杞入锅加清水熬出味后，分别舀入 50 个大海碗内，再分别往碗中放少许精盐、鸡精、味精、鲜味王及羊油，即准备好了调配料。

（四）拉面煮面

当上述三道工序完成后，便可以拉面和煮面。

第一步，取一块烩面面坯，两只手掌向上托住面片的两头，再用两手的拇指按住面片两头的边缘，然后两只手掌左右抻拉，将面片拉成长约 1 米的片，接着两只手掌上下晃动，手臂均匀用力，将面片继续抻拉成约 3 米长、8 厘米宽、0.1 厘米厚的面片，最后用左手夹住面片的两头，用右手的拇指、食指、中指配合，将面片横着撕成约 3 厘米宽的面条，即可下锅煮制。

第二步，小锅上火，注入羊肉汤 1250 克，烧开后即下入拉好的面条，并用手勺将面条轻轻拨散，使之受热均匀，待锅中汤汁再开后，下入一份配料羊肉丁、豆皮丝、粉丝、黄花、木耳，煮至面条、配料均熟后，起锅装入放有调料的碗中，再舀入锅中汤汁，淋少许香油，撒上香菜，随糖蒜、油炸辣椒碟上桌即可。

五、成品口味

烩面以其汤肥肉瘦、浓香爽口、面筋道、营养丰富、味道鲜美，独特的风味而享誉全国。

课后习题

1. 河南省会是（　　）市。

A. 郑州　　B. 石家庄　　C. 太原　　D. 西安

2.（多选题）下面属于中国五大面食的有（　　）。

A. 山西刀削面　　B. 镇江锅盖面　　C. 河南烩面　　D. 湖北热干面

3.（判断题）烩面在揉面时要反复揉搓。（　　）

4. 简述河南烩面的成品口味。
5. 正宗的“羊肉烩面”的制作必须经过哪四道工序？

任务四 西北和西南地区

知识点1 陕西面

一、地方风物

biang（二音）biang（二音）面起源于关中地区。关中，是指“四关”之内，即东潼关、西散关、南武关、北萧关。现关中地区位于陕西省中部，包括西安、宝鸡、咸阳、渭南、铜川、杨凌五市一区。关中地区属于麦粟文化带，因处于冲积平原地带，土地肥沃，是我国重要的小麦生产地区。丰富的麦产量以及人文底蕴孕育了关中独特的面食文化。

关中地区代表性面食有：羊肉泡馍、岐山臊子面、杨凌蘸水面、蓝田饸饹面、油泼辣子酸汤面和 biang（二音）biang（二音）面等。其中 biang（二音）biang（二音）面是陕西关中地区的汉族传统风味面食。

二、历史渊源

biang（二音）biang（二音）面的历史可以追溯到秦朝秦始皇时期，距今已有2200 多年了。有民谣称推车咸阳街头转，遇见官府老爷汉，禀告君王好御膳，君王知晓要接见，端来一碗 biang（二音）biang（二音）面。

在秦朝时，咸阳街头常有一位老翁推着当时的木制独轮推车，沿街叫卖。有一天秦宫内载歌载舞、锣鼓喧天，欢庆战争取得胜利。但秦始皇却在宫中愁眉不展闷闷不乐，卧榻不起，一为匈奴外侵担忧，二为修筑万里长城愁劳。

御膳房做出各种山珍海味，秦始皇却毫无胃口，熟视无睹。于是，宫内宦官十分担忧，议论纷纷、想方设法，其中一名宦官灵机一动，竟跑到集市上找到他曾经偶遇过的老翁，给皇上端来一碗 biang（二音）biang（二音）面，秦始皇一闻到这浓烈的香味，胃口大开，端起碗来一顿狼吞虎咽。秦始皇吃毕惊赞，这是民间何物竟比山珍海味还香宜可口。下臣答曰：biang（二音）biang（二音）面。至此，biang（二音）biang（二音）面成为秦始皇御宴必备品。

关于 biang（二音）biang（二音）面的 biang（二音）字，也有一个有趣的传说。据说，秦朝时一位贫困潦倒的秀才赶往咸阳，路过一家面馆时，饥肠辘辘，听见里面“biang（二音）—biang（二音）”之声不绝，不觉踱将进去。只见红黄绿白、色香俱全的裤带宽面条，煞是馋人。秀才要了一碗裤带面，一阵狼吞虎咽，直吃得酣畅淋漓，到结账时一摸兜，囊中早已空空如也，无以付账，只好求店家以书代之。

按照店家所言“biang（二音）biang（二音）面”的字音，秀才触景生情，感怀伤时，略加思索，笔走龙蛇，一边写一边歌道：

“一点飞上大，黄河两边弯；八字大张口，言字往里走，左一扭，右一扭；西一长，东一长，中间加个马大王；心字底，月字旁，留个勾搭挂麻糖；推了车车走咸阳。”

一个字写尽了山川地理，世态炎凉。

三、食风食俗

陕西面食在北方诸省颇具典型性，这与陕西悠久的农业历史是分不开的。而八百里秦川作为黄河流域的小麦主产区，面食已经成为普通老百姓的主体食物结构。西北人特别是陕西人，都有着极为浓厚的面条情结。比如陕西人从小吃面长大，从骨子里热爱面食，在过去，陕西女人要学会做面食，会擀面、做面好的媳妇更受婆家喜欢，因此外地人对陕西人有一个带有戏谑性的评论：打死不离疙瘩面！有人粗略统计过，除了羊肉泡馍、肉夹馍、面皮等面食，光是陕西的面条种类就有 50 余种，biang（二音）biang（二音）面、岐山面、摆汤面、蒜蘸面、宫廷罐罐面、烙面、旗花面等数不胜数，虽说都是面条，但是陕西人把每一种面都做得与众不同，都赋予了深厚的文化，就像陕西的历史一样。一个热爱面食的人，一定不能错过陕西面条，陕西美食的魅力更待挖掘，面食文化源远流长，面条手工技艺值得我们称赞和传承。

四、制作流程

（一）第一步，和面

（1）和面是按照 500 克面粉、225 克水、10 克盐的比例，先将面粉放入干净盆中，往中间倒入冷水。用筷子慢慢将面粉搅成絮状后放入盐可使面团更筋道，再加入适量水，直到所有面粉和均匀。

（2）用手揉面，揉面的标准是面光盆光手光，面团光滑不粘手并且盆也干净。接着盖上一层保鲜膜醒发 30 分钟，然后将面团取出，按 100 克为标准做成长条形剂子。

（3）准备一个平盘，上面刷上油，将剂子放入上面也均匀刷上油，再盖上保鲜膜饧一个小时左右；这时再拿出面团就会发现变得非常软了，随后将剂子擀成牛舌状，再用面杖按两个印子。

(4) 手拿住面团两端，扯长并不断将中间拍打案板，使之扯得更长，然后将面条从印痕处撕开成面条。

（二）第二步，煮面

煮面时要大火宽水，扯好的面条放入锅中后要用筷子沿着锅沿将面搅散，加冷水并开起三滚就成熟，捞起装碗。

（三）第三步，泼油

扯面淋入生抽、陈醋、用筷子搅拌均匀，将葱末、姜末、蒜末、辣椒面和花生碎同撒在面上，泼上热油，再放上煮熟的韭菜即可。

五、成品口味

这种面条煮熟后保持韧性，咬起来有嚼劲、不粘牙，每一口面条都带着微妙的弹性和滋味；面条配以丰富的调料，给人一种浓郁而味道独特的感觉；辣椒提供了微辣的火气，韭菜带来清爽的口感，配上其他食材，使整道菜肴更加鲜美可口。

课后习题

1. 据传 biang（二音）biang（二音）面起源于（　　）朝，距今已经有 2200 多年的历史了。

A. 夏　　B. 商　　C. 周　　D. 秦

2.biang（二音）biang（二音）面是陕西（　　）地区的特色面食。

A. 陕北　　B. 陕南　　C. 关中　　D. 西府

3.（多选题）关中地区的代表性美食有（　　）。

A. 羊肉泡馍　　B. 岐山臊子面

C. 油泼辣子面　　D.biang（二音）biang（二音）面

4.（判断题）制作 biang（二音）biang（二音）面一定要选用低筋面粉。（　　）

5. 简述 biang（二音）biang（二音）面的和面比例。

知识点2　兰州牛肉面

一、地方风物

兰州市处在中国版图的几何中心，居于黄土高原的西部，属我国地形第一阶梯青藏高原向第二阶梯黄土高原的过渡地区，东部是富饶的关中平原和黄土高原，是中华民族开发较早的农垦区，具有悠久的农耕文化，面粉可以从黄土高原和关中平原农垦区得到供给。北部和西南部为内蒙古高原和青藏高原，是广阔的畜牧区，牛肉可以从青海、西藏、新疆、内蒙古和甘南牧区得到供给。兰州市具有过渡性质的地理环境，决定了兰州的饮食文化兼顾两区域的特征，也奠定了兰州牛肉面文化的形成风格和特点。

二、历史渊源

兰州始建于公元前 86 年，名为金城，意为“金城汤池”，因军事需要而设立，自古以来就是一个重要的军事据点，从明清开始，兰州便形成汉、回、藏、蒙古等多民族聚居的格局。中华人民共和国成立以后，由于国家政治环境的影响及重点发展内陆城市工业的政策，从全国各地不同职业、不同民族的建设人才来到兰州，兰州人口结构变得复杂化。人口结构的复杂性，要求饮食文化具有“大同”的性质，既能适合来自不同区域的人群的口味，又能适应当地的自然环境以及民族风俗习惯。

一百多年来，兰州拉面作为一种面向大众的经营性小吃，具有价格便宜、量大味足、食用方便、适宜的人群广等优点，符合了当地的经济水平、民族宗教、气候条件、饮食结构等条件，能够满足不同类型人群的需要。在兰州有“兰州人三天不来个‘牛大碗’，就心火难捺”的说法，因此牛肉面的出现也是兰州饮食历史的选择。

三、食风食俗

兰州牛肉面最早始于清嘉庆年间，甘肃东乡族马六七从河南省怀庆府苏寨村（今河南博爱县境内）的国子监太学生陈维精处学习小车牛肉老汤面制作工艺后带到兰州，经陈氏后人陈和声、回族厨师马保子等人的创新、改良后统一了兰州牛肉面的标准。在其后 200 多年的漫长岁月里，兰州牛肉面享誉天下，以肉烂汤鲜、面质精细而蜚声中外，其选料对拉面制作极为重要，根据甘肃的资源条件，业内人士经过多年的探索总结，在选料上有这样一句俗话：甘南的牦牛永登的面，皋兰的蓬灰甘谷的线辣椒。由于蓬灰现在已得到改造，使用的是速溶蓬灰拉面剂，因此，以下重点对其他三项进行简要概述。

（一）甘南的牦牛肉

甘南藏族自治州海拔高，天然草场无污染，甘南牦牛四肢粗短、耐寒，牦牛肉肉质鲜红、鲜嫩、高蛋白、低脂肪，营养丰富，其味鲜美而醇厚，加以适量草果、桂皮、丁香、山柰、茴香、姜皮、花椒等煮后，汤味醇香而悠长，口味甚佳。

（二）永登的面

兰州市永登县的优良麦种“和尚头”磨成的面粉面筋值极高，色白微带黄，面条入口筋斗、稍发脆、面香而口感甚佳。面条在汤内浸泡时，面条紧而汤不浑。由于“和尚头”产量较低、市场需求量大，不能满足市场需求，现多选用高筋面粉，如塞北雪和牛肉面专用粉。

（三）甘谷的线辣椒

是指甘肃省甘谷县盛产的一种细而长的线辣椒，该辣椒经晒干后，压磨成的辣椒粉色艳红、含油脂、味辣而香，制成的辣油辣味纯厚、色泽红亮。

兰州人爱食面汤不仅是因为味道鲜美，也包含一定的环境因素。兰州气候干燥多风，人体水分消耗大，且饭菜中蔬菜比重少，凭借盐、醋、辣相佐，口味明显偏重，从生理上需要大量水分的补充，这样就养成了当地人钟爱面汤的习俗。

提到嗜酸人们就会想起山西人，兰州人也有同样的爱好，进入兰州一家普通的面馆，就会看到餐桌上放着一个较大的瓷壶，里面盛满醋，比外地的盛醋器皿大得多，可以看出兰州对醋品的喜爱。

西北人喜食辣，有“食兰州牛肉拉面不放辣椒不地道”的吃法。喜欢吃辣椒是兰州人的一大特点，兰州人吃辣甚至可以和四川人相媲美。

四、制作流程

（一）第一步，拉面

案板上撒上面粉，将饧好的面剂搓成条，滚上铺面，如拉韭叶、宽面，则用手压遍，两手握住面的两端，然后抻拉，拉开后，右手面头交左手，左手两面头分开，右手食指勾住面条的中间再抻拉，待面条拉长后把面条分开。

然后右手食指面头倒入左手中指勾住，右手食指再勾入面条中间，向外抻拉，根据左手旁边的面条粗细，用左手适当收面头，反复操作，面条可由 1 根变 2 根，2 根变 4 根，面条的根数以成倍数增长。

面条粗细以扣数多少决定，扣数越多就越细，一般毛细 8 扣，细面 7 扣，二细 6 扣。拉好后，左手食指上的面倒入右手大拇指，用中指和食指将手上的面夹断，下入锅中煮面。目前，根据面剂成形的不同和扣数的多少，拉面的主要品种有毛细、细面、二细、三细、韭叶、宽面、大宽、荞麦棱等多个品种。条细如丝，且不断裂，真可谓中国烹饪之精华。

（二）第二步，煮面

将拉好的面下入沸水锅中，锅内的水要开且宽，等面浮起，轻轻搅动，将面煮熟捞于碗中。

（三）第三步，舀汤上料

舀一勺汤，将面用勺舀起再放下，放上萝卜片、牛肉片，再添上适量的汤，撒上香菜、蒜苗，淋上辣椒油。

至此一碗一清、二白、三绿、四红、五黄，即牛肉汤清如白水，几片白萝卜纯白，汤上漂着鲜绿的蒜苗，辣椒油红，面条光亮透黄的色、香、味俱佳的兰州清汤牛肉面就已制作完成。

五、成品口味

兰州牛肉面具有牛肉烂软、萝卜白净、辣油红艳、香菜翠绿、面条柔韧、滑利爽口、汤鲜的特点。

兰州拉面含有钙、铁、磷、钾、镁等矿物质，有养心益肾、健脾厚肠的功效，还有硫胺素、核黄素，纤维，维生素 A 和三种氨基酸等营养成分。兰州拉面易于消化吸收，有改善贫血、增强免疫力、平衡营养吸收等功效。

课后习题

1. 兰州牛肉拉面又称兰州清汤牛肉面，为（　　）的风味小吃。

A. 甘肃省　　B. 陕西省　　C. 北京市　　D. 山西省

2. 兰州拉面的面条粗细以扣数多少决定，扣数越多就越细，一般毛细（　　）扣。

A. 9　　B. 8　　C. 7　　D. 6

3.（多选题）兰州拉面选料的精髓有（　　）。

A. 甘南的牦牛　　B. 永登的面　　C. 皋兰的蓬灰　　D. 甘谷的线辣椒

4. 简述兰州牛肉拉面的成品口味。

5. 简述兰州拉面的一清、二白、三绿、四红、五黄指的是什么。

知识点3　四川担担面

一、地方风物

四川地处长江上游，天宝物丰，地杰人灵，山奇水丽，味美食精，素有“天府之国”之称，又有“食在中国，味在四川”之说。

四川人爱吃辣椒，究其原因主要是气候潮湿，辣椒可以祛风除湿、发汗驱寒、避瘴气、健脾胃、开口味、舒筋活络。川菜靠它调味，穷人靠它御寒。四川有句谚语：“糠菜半年粮，海椒当衣裳。”对于辣也比较有心德，讲究外刚内柔，辣则刚而不压柔，柔则香而不抑刚，所谓刚柔并济，有刚有柔，既辣且香，香中带辣，辣中有香，同时还有一股麻味，三种味道混合起来令人回味无穷。

二、历史渊源

担担面于 1841 年由自贡一个叫陈包包的小贩创制，已经有了上百年历史。当年挑担担面的扁担一头是个煤球炉子，上面有一口铜锅。铜锅隔为两格，一格煮面，一格炖鸡；另一头装的是碗筷、调料和洗碗的水桶。卖面的小贩用扁担挑在街上，晃晃悠悠地沿街游走，边走边吆喝：“担担面——担担面——”喜欢担担面的一听到这种熟悉的叫卖声，赶紧叫住小贩说“来一碗”。那么你只要付点小钱，就能品尝到这种美食了。小贩既有面条，又有“馄饨”。标准的面担，是用硬木制作的，担的一头是“操作台”兼“贮藏室”，放有面条、馄饨皮、肉馅、蔬菜及各式调料；另一头是“灶披间”、小风箱，可现场煮面。用红油、花椒、咸酱油、芽菜末、葱花、味精、醋等作调料，加上碎肉，十分可口。其配料有红酱油、化猪油、麻油、芝麻酱、蒜泥、葱花、红油辣椒、花椒面、醋、芽菜、味精等十多种。特点是面细无汤，麻辣味鲜。川味面食中有名的“素面”“素椒炸酱面”“清汤炸酱面”“红汤面”“酸辣面”“清红汤馄饨”都可以在这副面担上做出来。此面现做现吃，汤沸面滑、调料齐全、经济方便。

过去成都走街串巷的担担面，用一种铜锅隔两格，一格煮面、一格炖鸡或炖蹄髈。现在重庆、成都、自贡等地的担担面，多数已改为店铺经营，但依旧保持原有特色，尤其以成都的担担面特色最浓。面食是每个地方都会去吃的，只是根据地域的不同，每个地方的做法的主次不一样，这也是每个地方都不一样的特色。还有的根据不同人的口味去做相应的调整，有的人喜欢偏甜一点，有的人喜欢偏咸一点，有些人还喜欢偏辣一点。四川有许多食物是以辣为主的，俗话说一方水养一方人，那么上面介绍四川担担面的做法和典故，想要吃四川味道的担担面那就到四川。

三、食风食俗

四川担担面因为出道早名气很大，在世界各地的唐人街都能找到这碗面，中国五大著名面食里，四川担担面与北京炸酱面、山西刀削面、兰州拉面、武汉热干面比肩齐名。各地的高档星级川菜馆，一般都把担担面放在酒后，作为主食推荐给顾客。甚至有的餐馆，还把担担面当作一道菜肴，推荐给顾客品尝。

正宗的担担面都很迷你精致，一小碗面条的分量一般也就一二两，三两口就吃完了，这和那些大海碗装的兰州拉面、河南烩面、山西刀削面比较起来，的确很精致。四川担担面天生就不是用来填饱肚子的大路货，面条只是引子噱头，是味道的载体，吃的是调料，品的是滋味，享受的是美食神韵。四川担担面所选面条要么是鸡蛋面，要么是碱面，面条煮出来以后滑爽筋道，在味道上也不像重庆小面那样汤酽汁浓麻辣火爆，其追求的是微辣微麻回甜绵长，多滋多味，香型复合。浇面条的红油，又往往采用云南大红袍之类的香而不太辣的辣椒品种，因而大多数人都能接受，这也是四川担担面能够普及推广受众群体庞大的缘故。

四、制作流程

（一）制作原料

干面条 400 克、味精 5 克、盐 3 克、面条 200 克、肉馅 400 克、芽菜 100 克、大葱末 25 克、姜末 10 克、蒜蓉 10 克、辣椒面 2 克、芝麻酱 10 克、香菜少许、生抽 3 克、料酒 3 克、米醋 3 克、高汤 10 克、花椒面 3 克、猪油 5 克、香油 3 克。

（二）制作流程

第一步，锅置中火上，用猪油将葱、姜、蒜爆香，再放入盐、辣椒面、芽菜、肉末煸炒；加料酒、生抽、米醋，点少许高汤，出锅时放入味精、芝麻酱、花椒面炒匀。

第二步，开水下锅将面条煮熟捞入碗中，往碗中面条里倒入适量高汤，加入炒好的酱料，撒上香菜即可。

五、成品口味

四川担担面最大的特点是面条细薄，汁浓酥香，咸鲜微辣，香气扑鼻，十分入味。

面条的主要营养成分有蛋白质、脂肪、碳水化合物等，面条易于消化吸收，有改善贫血、增强免疫力、平衡营养吸收等功效。

课后习题

1. (填空题) 四川地处长江上游，天宝物丰，地杰人灵，山奇水丽，味美食精，素有“(　　)”之称。

2. (　　) 年由自贡一个叫陈包包的小贩创制，已经有了上百年历史。

A. 1840　　B. 1841　　C. 1842　　D. 1843

3. (判断题) 四川担担面属于中国五大面食。(　　)

4. 简述四川担担面的成品口味。

5. 简述四川担担面的营养价值。

项目七 “面面相觑”——意大利面 VS 山西面食

任务一 意大利面 VS 山西面食

知识点1 马可 · 波罗与意大利面

一、历史渊源

意大利面，又称意粉，是西餐品种中最接近中国人饮食习惯，最容易被接受的。关于意大利面条的起源，有的说是源自古罗马，也有的说是由马可 · 波罗从中国经由西西里岛传至整个欧洲。相传公元 1271 年，马可 · 波罗来到中国，并在中国生活了 17 年。当马可 · 波罗从中国返回意大利时，带回了自己在中国最爱吃的面条。这面条不仅好吃，还解决了当时罗马帝国人口众多、粮食不易保存的难题。后期，在吃的时候和肉类、蔬菜放在一起烹饪，又开发了多种口味。这种食物一直流传至今，就是现在的“意大利面”。

二、成品口味

意大利人在面条生产制作上充分发挥了艺术想象力和创造力。形状各异、色彩纷呈的意大利面多达 400 多种，除了普通的直身粉外还有螺丝形的、弯管形的、蝴蝶形的、贝壳形的等。

面条颜色除小麦原色外，还有红、橙、黄、绿、灰、黑等。红色面是在制面的过程中，在面中混入红甜椒或甜椒根；橙色面是混入红葡萄或番茄；黄色面是混入番红花蕊或南瓜；绿色面是混入菠菜；灰色面是混入葵花籽粉末；黑色面堪称最具视觉震撼力，用的是墨鱼的墨汁，所有颜色皆来自自然食材，而不是色素。正宗的意大利面条一定是外表光滑、口感筋道、入口之后不黏不糊，多嚼几口，满嘴都是意大利面条特有的甜香。

三、制作方法

意大利面有很多种做法，但主要采用两种做法——焗、炒。烹饪意大利面最重要的技巧是煮。不管怎样制作意大利面，都少不了事先将面煮熟，千万不要把面煮得过熟，要煮到中间稍带硬度的程度，才有咬劲。推荐倒入十倍左右的水量，当水开始沸腾的时候放入一勺左右的盐，放盐不光让面带味，还可增加面条的韧度和筋道口感。再绕着锅周围把面放进去，至于煮多长时间，按种类、形状所用的时间是不一样的。

四、制作原料

（一）杜兰小麦（Durum）

作为意大利面的法定原料，杜兰小麦是最硬质的小麦品种，具有高密度、高蛋白质、高筋度等特点，其制成的意大利面通体呈黄色，耐煮、口感好。所以，正宗的原料是意大利面具有上好口感的重要条件。

这种硬小麦既含丰富的蛋白质，又含复合碳水化合物。这种碳水化合物在人体内分解缓慢，不会引起血糖迅速升高。因此，意大利面条还被用来调控糖尿病患者的饮食。

杜兰小麦面粉有一个专称“Semolina”，颗粒较粗的“Coarse Semolina”用来制作一些特殊的甜点，而颗粒较细的“Fine Semolina”主要用于制作意大利面，以及面包和比萨。

加拿大、欧盟和美国是杜兰小麦的主要产地，此外，土耳其和叙利亚也出产可观的杜兰小麦，这两个国家在地理上靠近杜兰小麦的发源地。全世界每年出产4000万吨杜兰小麦，大部分用来制作意大利面。

（二）意大利面的酱（Pasta Sauce）

一般情况下，意大利面酱分为红酱（Tomato Sauce）、青酱（Pesto Sauce）、白酱（Cream Sauce）和黑酱（Squid-Ink Sauce）。

红酱是主要以番茄为主制成的酱汁，也是目前见得最多的；青酱是以罗勒松子粒、橄榄油等制成的酱汁，其口味较为特殊与浓郁；白酱是以无盐奶油为主制成的酱汁，主要用于焗面、千层面及海鲜类的意大利面；黑酱是以墨鱼汁制成的酱汁，主要用于墨鱼等海鲜意大利面。此外，还有用橄榄油调味和用香草类调配的香草酱。一般以红酱使用率最高。

五、常见品种

意大利面的种类繁多，数不胜数。

从意大利面条的外观和形状上，可分为棍状意大利面条（Strand Pasta Noodles）、片状意大利面条（Ribbon Pasta Noodles）、管状意大利面条（Tubular Pasta）、花饰意大利面条（Shaped Pasta）、填馅意大利面条（Stuffed Pasta）和意大利汤面（Soup Pasta）。

根据形状和口味大致可分为三种：长面、短面和鸡蛋面。长面以意式实心粉（Spaghetti）为代表，如细长面条（Fettuccine）、细线状的细面（Vermicelli）；短面多为意大利空心粉，包括管状面（Macaroni）、笔尖面（Penne）、贝壳面（Conchiglie）、螺旋面（Fusilli）、蝴蝶面（Farfalle）等；鸡蛋面是小麦粉加鸡蛋揉制而成的面条，更富弹性和口感，有大宽面（Tagliatelle）、小宽面（Fettuccine）、千层面（Lasagne）等多种。

意大利北方更偏爱千层面、管状面、面饺，中部多吃面疙瘩，而南方多保留着使用干燥面条的传统。搭配每种面条的酱汁和配料也必须有所区别，比如长面适宜用薄的酱汁或橄榄油，搭配香菇类或墨鱼、蛤蜊、鳕鱼等海鲜；短面适合用厚一些的酱汁，做成肉块面才好吃。

（一）实心意粉（Spaghetti）

Spaghetti 一词源于意大利语 spago，意思是一条线。一条意粉用 spaghetto 表示，意粉则通常用复数的 spaghetti。

实心意粉以其容易烹调，又可以配上各种作料，很快就风行全国。分有 15 厘米、16 厘米、18 厘米粗细的面条，常用来搭配番茄口味的面酱。煮熟时间为 8~10 分钟。

（二）通心粉（Macaroni）

通心粉又称“空心粉”“管状面”“通心面”，是意大利的名点，在国外已是极普遍的面制品之一。通心粉的种类很多，一般都是选用淀粉丰富的粮食经粉碎、胶化、加味、挤压、烘干而制成各种各样口感良好、风味独特的面类食品。通心粉有实心和空心之分。

通心粉的主要营养成分以碳水化合物和蛋白质为主，易被人体消化和吸收。

（三）意式千层面（Lasagna）

意式千层面通常为新鲜面皮中间夹入肉馅、奶酪层层叠起而成，大多为方形，通常以烤的方式料理。料理时间为 5~7 分钟。

意式千层面是宽面条的一种，常叫作千层饼。上面涂满番茄酱的意大利烤宽面条，这道菜在意大利名菜中仅次于比萨，通心粉层层浸在番茄酱中，撒上碎肉末，大人和孩子都十分喜爱。

在意式宽面中除了意式千层面外，比较常用的有宽度不同的各种规格如 Lasagnette、大宽面（Tagliatelle）、Tagliatelline 等。加工方法一般为煮或炒等，煮制时间一般为 5~7 分钟。

（四）带馅意粉（Ravioli）

带馅意粉又称“包肉馅的小方块形意大利面饺”，如 Ravioli 和 Tortellini，类似中国的饺子和馄饨。Ravioli 一般是方形的，Tortellini 则包成小小的月牙形，里面包的馅一般是菠菜、意式乳清干酪和肉，有些地方还会用南瓜。

意大利面饺的馅与中国的饺子馅区别很大，干酪、洋葱、蛋黄是主料，有时也加一些菠菜、牛肉；还有一种是以鸡肉、干酪做主料，主要调料有黄油、洋葱、柠檬皮、肉豆蔻。他们包饺子是把面压成一长条，一勺勺放好馅，在面的边缘蘸上水，再和同样的一条面片合在一起压好，然后用刀一一切开。煮饺子的方法则与中国人一样。这些带馅的面食通常配着沙司酱吃，Tortellini 有时也会就着汤吃。

课后习题

1.（　　）采用杜兰小麦制作。

A. 山西面　　B. 意大利面　　C. 荷兰面　　D. 朝鲜面

2. 下列不属于意大利面的原料？（　　）

A. 番茄丁　　B. 洋葱碎　　C. 香菜　　D. 芝士碎

3. 下列调料中不属于西餐调料。（　　）

A. 牛至　　B. 罗勒叶　　C. 百里香　　D. 花椒

4. 制作意大利青酱时，需加入（　　）进行混合。

A. 橄榄油　　B. 花生油　　C. 色拉油　　D. 大豆油

5.（判断题）意面越细越窄，适合搭配的酱汁越清爽；意面越粗越厚，适合搭配的酱汁越浓厚。（　　）

知识点2　百花齐放的山西面食

山西面食是地方传统特色面食文化的代表之一。历史悠久，源远流长，已有两千年的历史了，称为“世界面食之根”。以面条为例，东汉称之为“煮饼”；魏晋则名为“汤饼”；南北朝谓“水引”；而唐朝叫“冷淘”。

山西面食文化以小杂粮为主，秉着“粗粮细做，细粮精做”的原则，使得山西面食具有结构独特、品种多样的特征。山西面食的烹调原则多样，有蒸制、煮制、烹制，根据各地方人们生活及用餐习惯进行加工。山西面食主要材料有小麦粉、高粱面、豆面、荞面、莜面、黄米面、玉米面等。

山西面食按照制作工艺来讲，可分为蒸制面食、煮制面食、烹制面食三大类，有据可查的面食在山西就有280种之多，其中尤以刀削面名扬海内外，被誉为中国著名的五大面食之一。其他如大拉面、刀拨面、拨鱼、剔尖、饸饹、猫耳朵、蒸、煎、烤、炒、烩、煨、炸、烂、贴、摊、拌、蘸、烧等多种，名目繁多，让人目不暇接。

课后习题

1. 山西面食文化以小杂粮为主，秉着“(　　)”原则，使得山西面食结构独特、品种多样。

A. 手工精做，浇头味美　　　B. 粗粮细做，细粮精做

C. 面条细薄，浇头味美　　　D. 粗粮粗做，细粮细做

2. 下列调料中（　　）不属于西餐调料。

A. 干姜　　B. 罗勒叶　　C. 百里香　　D. 比萨叶草

3.（多选题）下列（　　）属于山西面食。

A. 稷山麻花　　B. 神池月饼　　C. 长子炒饼　　D. 石头饼　　E. 交里桥饸饹面

4.（判断题）意大利面条源自古罗马，历史源远流长，被誉为“世界面食之根”。(　　)

5. 简述山西面食按照制作工艺来讲，如何进行分类。

知识点3　意大利面与山西面食的同与不同

一、意大利面与山西面食的差异

意大利面，也被称为意粉，是西餐正餐中最接近中国人饮食习惯的面点。对于小麦粉的应用出神入化，以制作的形状、材料与颜色建立起了一整套的命名体系，其以西红柿作为调味佳品，这些都深深地刻在了中国和意大利的食谱里。两种面既做到了最大程度上的异曲同工，又因文化和地域不同，而各具特色。

意大利面虽然也用工具制作不同的花样式，配有不同的佐料，但总体上来说，其面食的原料单一，基本上是用杜兰小麦，烹制方式比较简单。在中国，有名的面食多种多样，有山西刀削面、北京炸酱面、岐山臊子面、兰州牛肉面、新疆拉条子、河南烩面、湖北热干面、四川担担面、镇江锅盖面、手擀面、拉面、抻面、揪面、拨面等，谁能说清中国到底有多少面？在中国乃至全世界也没有一个人能吃遍中国面。就拿山西面食来说，世世代代的山西人，将面食不断地翻新花样，达到一面百样，一面百味的境界。不仅如此，山西的面食分蒸制、煮制、烹制面食，原料不仅有小麦粉，

还有各种粗粮，如荞麦、莜麦、高粱等，卤汁配料丰富，有干面、汤面，分白面、红面、绿豆面等。

二、意大利小麦VS山西小麦和粗粮

意大利面用的面粉和我们用的面粉不同，它用的是一种“硬杜兰小麦”。不同于常见的普通面粉，这种产自欧洲南部的特殊小麦品种几乎是全世界质地最硬的，其中的面筋含量也同样在稻谷中称冠。作为意大利面的法定原料，杜兰小麦具有高密度、高蛋白质、高筋度等特点。作为意面的灵魂，硬杜兰小麦赋予了意面极其筋道弹牙的绝妙口感。

山西小麦生长在全世界最厚的黄土地上，最大的优势是生长环境好，蛋白质、面筋含量较高。山西面食的原料不止有小麦，还有莜麦、荞麦、燕麦、高粱等各种粗杂粮，山西有“小杂粮王国”之称，杂粮面食是山西走向世界的一张名片。

（一）新鲜与干制的口感区别

在中餐面食中，新鲜面条永远比干燥的挂面好吃。然而在意大利，干意面和新鲜意面却并没有高下之分。新鲜意面口感柔韧，煮制时间短，价格较高，仅能保存几周；干意面口感弹牙，煮制时间较长，价格便宜，可以长时间保存。

（二）意大利面与山西面食异曲同工

小麦和面粉从几千年前的新月沃地，传遍了整个欧亚大陆，却在亚平宁半岛和三晋大地不谋而合地形成了独特而又相似的面食文化，彼此遥相呼应。远在地中海的意大利人，和山西人在吃面方式以及对待面的地位上，竟如此异曲同工，令人不得不称奇。

1. 面条形状相似

意大利面和山西面食有着惊人的相似，它们都是家庭日常的主食，都是以干拌面为主的面食，都有多种形态制法。

山西人爱吃的“圪坨儿”，官方雅称为“猫耳朵”，是一种把小面团用拇指搓成卷状的面食。意大利面中的 Conchiglie（贝壳面）跟猫耳朵很相似。

山西“莜面栲栳栳”和意大利面中 Rigatoni 的粗管状意面很相似。

其他粗粮面制品，如莜面搓鱼鱼、豆面抿尖等形状与其他形状的意面也有相似之处。

2. 多以番茄酱为主

关于两种面的酱也极为相同。作为许多意面酱汁的鼻祖，番茄酱绝对是意面的经典搭配。做法简单，将洋葱、大蒜炒香，加入番茄炖煮成糊，用海盐、牛至或罗勒调味，装盘擦上几丝奶酪屑即可。同样山西面食也多以番茄酱为主，再配有肉酱、炸酱、白菜等卤料。

吃面最能显示中国人使用筷子的优势；意大利人吃意大利面也最能显示意大利人的智慧。西方人进餐讲究刀叉并进，但叉为三齿叉；在意大利餐馆，餐桌上右手要多放一把四齿叉，那就是专门用来吃意大利面条的，用四齿叉叉住面条，稳、准、牢，然后三指转动，意大利面条会一圈一圈缠绕在叉上，绝不会出现“滑筷”现象。

三、如何正确吃意大利面？

意面的世界就像是千变万化的万花筒，其数量种类之多据说至少有500种，再配上酱汁的组合变化，可做出上千种的料理！很多中国朋友都很喜欢吃意大利面，不过一般都是“中式”吃法，有的像吃捞面似的用筷子，有的用叉子挑起来放在嘴里然后咬断。殊不知，这些都不是正宗的意面吃法，今天就教给大家吃意大利面的正确方法：需要用到的餐具是叉和勺子。一手拿勺子一手拿叉子，叉子挑上一点面条，用叉尖点在勺子里慢慢旋转叉子，把面在勺子上卷成小小的一团，再放入嘴里。这种吃法吃意大利面，一方面很斯文，另一方面是为了防止进食的时候面条从叉子上掉落盘中，使盘中的黄油等溅出。

课后习题

1.（　　）使意面拥有极其筋道弹牙的绝妙口感。

A. 硬粒小麦　　B. 添加剂　　C. 碱面　　D. 玉米面

2. 下列哪一项不属于意大利面的原料？（　　）

A. 番茄丁　　B. 洋葱碎　　C. 白酒　　D. 芝士碎

3.（判断题）意大利面原料单一。（　　）

4.（判断题）一般情况下，在中餐面食中，新鲜面条永远比干燥的挂面好吃。（　　）

5. 简述山西面与意大利面的本质区别。

任务二　面食制作技艺擂台

知识点1　意大利番茄面VS山西刀削面西红柿卤

一、制作原料

原料：番茄丁350克、洋葱碎40克、胡萝卜碎40克、蒜碎40克、橄榄油40毫升、盐10克、芝士碎10克、糖3克、意大利面120克。

Ingredients: chopped tomato 350g, chopped onion 40g , chopped carrot 40g, chopped garlic 40g, olive oil 40ml, salt 10g, cheese 10g, sugar 3g, spaghetti 120g.

二、制作流程

倒入橄榄油、洋葱碎、蒜碎进行煸炒，油温不需要太高。

Add oil, chopped onion and garlic in a pan and stir-fry. Oil temperature should not be too high.

再加入胡萝卜碎，炒 3 分钟。加入番茄丁，熬 45 分钟，在熬的过程中不断搅拌，防止粘锅。

Add chopped carrot and stir-fry for 3 minutes. Then put chopped tomato into the pan and braise for 45 minutes. Remember to stir constantly to prevent stick pan.

加入牛至、罗勒叶碎、百里香进行调香。加入盐、糖，对番茄汁进行调味。

Add oregano, basil leaf shreds and thyme. Season tomato sauce with salt and sugar.

将水煮开，再加入盐、油和意大利面，煮 8 分钟，煮制的过程中需不断搅拌。将煮好的面过凉水后装盘。

Put salt, olive oil and spaghetti into the pot and boil for 8 minutes. Stir the noodles constantly while cooking, and then put the cooked noodles in cold water and remove.

把面倒入做好的意大利番茄汁内，意大利番茄面就做好了。

Put noodles in the cooked Italian tomato juice and then the job is done.

三、意大利番茄面VS山西刀削面西红柿卤的区别

制作原料：意大利番茄面是面、鸡蛋和水和制成的，而山西刀削面是水和面和制成的。

Different main ingredients: The Italian spaghetti with tomato sauce are made with flour, eggs and water, while Shanxi knife-pared noodles are cooked with flour and water, without eggs.

酱料不同：意大利番茄面是用番茄、洋葱、胡萝卜加入各种香草制成的，而山西刀削西红柿卤则是用鸡蛋、西红柿和葱花进行煸炒。

Different sauce: The Italian spaghetti usually go with tomato sauce, onion and all kinds of herbs, while Shanxi knife-pared noodles are served with stir-fried tomato sauce, eggs and scallions.

成型不同：意大利面是干制的，而山西刀削面是现吃现做的。

Different forming process: The Italian spaghetti are processed for immediate consumption, while Shanxi knife-pared noodles are cooked right at the table.

课后习题

1.（判断题）意大利番茄面是面、鸡蛋和水和制成的。（　　）

2.（判断题）山西刀削面是水和面和制成的。（　　）

3.（判断题）制作意大利番茄面的第一步是倒入橄榄油、洋葱碎、蒜碎进行煸炒，油温需要高点。（　　）

4.（判断题）西餐的调料有牛至、罗勒叶和百里香。（　　）

5. 意大利番茄面和山西刀削面西红柿卤的区别有哪些？

知识点2　意大利肉酱面VS山西刀削面肉酱卤

一、制作原料

原料：橄榄油 40 毫升、红酒 40 毫升、番茄酱 350 克、牛肉 150 克、蒜碎 10 克、盐 10 克、意大利面 120 克。

Ingredients: olive oil 40ml, wine 40ml, tomato sauce 350g, beef 150g, chopped garlic 10g, salt 10g, spaghetti 120g.

二、制作流程

将牛肉绞成肉酱，放在一边备用。

First, grind the beef prepared in the meat grinder or chop it into dices, and then set it aside.

倒入橄榄油、蒜碎和搅好的牛肉，进行煸炒。

Add oil, chopped garlic in a pan and stir-fry.

加入红酒去腥，加入比萨叶草调味，转小火熬一小时。

Add 40ml wine into the pan and season the sauce with oregano, then braise for an hour. Remember to stir constantly to prevent stick pan.

将水煮开，再加入盐、油和意大利面，煮 8 分钟，煮制的过程中需不断搅拌。将煮好的面过凉水后装盘。

Put salt, olive oil and spaghetti into the pot and boil for 8 minutes. Stir the noodles constantly while cooking , and then put the cooked noodles in cold water and remove.

把面倒入做好的牛肉酱中，意大利肉酱面就做好了。

Put the noodles in the cooked Italian beef sauce and then the job is done.

三、意大利肉酱面VS山西刀削面肉酱卤的区别

制作原料：意大利肉酱面是面、鸡蛋和水和制成的，而山西刀削面是水和面和制成的。

Different main ingredients: The Italian spaghetti with beef sauce are made with flour, eggs and water, while Shanxi knife-pared noodles are cooked with flour and water, without eggs.

酱料不同：意大利肉酱面多选用牛肉，同时搭配洋葱、胡萝卜、芹菜、蘑菇等各种蔬菜及牛至、罗勒等进行调味，而山西刀削肉酱卤则是选用猪肉，加入桂皮、八角等进行调味。

Different sauce: The Italian spaghetti usually go with beef sauce and all kinds of vegetables, like onion, carrot, celery and mushroom. Besides, herbs like oregano, basil are often used. Shanxi knife-pared noodles are usually served with stir-fried pork and herbs like fennel, Chinese anise, cinnamon, pepper, clove, nutmeg and etc.

成型不同：意大利面是干制的，而山西刀削面是现吃现做的。

Different forming process: The Italian spaghetti are processed for immediate consumption, while Shanxi knife-pared noodles are cooked right at the table.

课后习题

1. 以下属于意大利肉酱面使用的调料的是（　　）

A. 番茄丁　　B. 洋葱碎　　C. 蒜碎　　D. 芝士碎

2. （判断题）意大利面是干制的，而山西刀削面是现吃现做的。（　　）

3. （判断题）山西刀削肉酱卤则是选用牛肉，加入桂皮、八角等进行调味。（　　）

4. 简述意大利肉酱面的酱料常选用哪些食材进行调味。

5. 简述意大利肉酱面和山西刀削面肉酱卤的区别有哪些。

知识点3　意大利奶油芝士贝壳面VS 山西五彩猫耳朵

一、制作原料

原料：黄椒、红椒、洋葱、青椒、黄油、贝壳面。

意大利青酱主要原料：松仁、黑橄榄、芝士碎、胡椒粉、盐、蒜片、罗勒叶、白砂糖。

二、制作流程

将罗勒叶、黑橄榄、松仁切碎，加入胡椒粉、盐、白砂糖、芝士碎，搅拌均匀。

加入橄榄油进行混合。

将水烧开，加入盐和橄榄油。加入贝壳面并不断搅拌，煮十分钟。将面过凉水。

将黄油融化，注意温度不能太高。将黄椒、红椒、洋葱、青椒放入锅中进行煸炒。再依次加入贝壳面、盐、胡椒粉、淡奶油进行翻炒。出锅前，加入芝士碎和青酱。

三、意大利奶油芝士贝壳面和猫耳朵的区别

原料不同：意大利奶油芝士贝壳面选用的是干制的贝壳面，而山西五彩猫耳朵是现做现吃的面食。

调味品不同：意大利奶油芝士贝壳面选用的是黄油、奶油、芝士等西式调料，而山西五彩猫耳朵以西红柿酱和肉酱为主。

风味不同：意大利奶油芝士贝壳面以炒为主，而山西五彩猫耳朵以煮和浇卤为主。

课后习题

1. 意大利奶油芝士贝壳面以哪种制作方法为主？（　　）

A. 炒　　B. 蒸　　C. 炸　　D. 浇卤

2.（多选题）制作意大利奶油芝士贝壳面的原料有哪些？（　　）

A. 黄椒　　B. 红椒　　C. 黄油　　D. 贝壳面

3.（判断题）猫耳朵属于意大利面食。（　　）

4.（判断题）制作意大利奶油芝士贝壳面时，首先需要制作意大利青酱。（　　）

5. 简述意大利奶油芝士贝壳面和山西五彩猫耳朵的区别有哪些。

知识点4　意大利熏火腿洋芋面VS 山西炒不烂子

一、制作原料

原料：橄榄油、番茄碎、番茄酱、洋葱碎、蒜片、黄柿椒粒、红柿椒粒、青椒粒、罗勒叶、意大利风干番茄、黑橄榄圈、盐、胡椒粉、糖、黄油、意大利熏火腿、

二、制作流程

放入油、洋葱碎、蒜片进行煸炒，油温不需要太高。再加入番茄酱、罗勒叶碎、番茄碎。加入盐、胡椒粉、糖，对番茄汁进行调味。

将水煮开，再加入盐、油、面，不断搅拌。将煮好的面过凉水。

将黄油融化后，加入洋葱碎、黄柿椒粒、红柿椒粒、青椒粒进行煸炒。再加入

面、意大利番茄汁、盐、胡椒粉、糖进行煸炒。

三、意大利熏火腿洋芋面和山西炒不烂子的区别

成型不同：意大利熏火腿洋芋面是经过煮制的，山西炒不烂子是蒸制的。

加工方法不同：意大利熏火腿洋芋面是用番茄酱进行煸炒，山西炒不烂子是用鸡蛋、葱花进行煸炒。

课后习题

1. 意大利熏火腿洋芋面是用什么进行煸炒？（　　）

A. 番茄酱　　B. 青酱　　C. 鸡蛋　　D. 葱花

2. 山西炒不烂子是怎样制作的？（　　）

A. 蒸　　B. 煮　　C. 烤　　D. 炸

3.（多选题）制作意大利熏火腿洋芋面的原料有哪些？（　　）

A. 橄榄油　　B. 番茄碎　　C. 番茄酱　　D. 洋葱碎

4.（判断题）制作意大利熏火腿洋芋面时，首先需要制作意大利番茄汁。（　　）

5. 谈一谈学习完意大利熏火腿洋芋面制作后的收获或感受。

项目八 山西面食“面面观”

任务一 “面”向生活

知识点1 立体的画

山西面塑艺术是历史悠久的汉族传统民俗文化。其始终与礼仪习俗紧密联系，它广泛用于节日、婚嫁、寿诞、丧葬、上梁、乔迁等诸多汉族民俗风情、祭祀或庆贺活动，因种类齐全、制作精美、构思巧妙而获得美名。面塑寄托了汉族劳动人民的美好愿望和祈盼，构成了一幅幅生动的立体画卷。

在山西，当地居民一到腊月二十几就开始为蒸花馍使用，大多是为供奉神使用。一般有枣山、如意、翻身、贡日、面鱼、面猪、面兔，还有十二生肖面塑等。枣山由三到五层面环衔接而成，底层最大，层层高叠，呈塔形，面环上镶满了红枣；在一层与一层中间有面花粘接，似浮雕；花的中心及面环的中心都镶有红枣。有的面环周围是花，有的是十二生肖，中间是二龙戏珠的造型，最上端则捏出当年的生肖形象。

面塑的形象多是传统戏曲、四大名著、民间传说、神话故事、卡通故事中的人物以及十二生肖和其他动物。在传统面塑中，仕女也占了很大的比重，这一经久不衰的题材能够吸引那么多的面塑爱好者去表现，主要是仕女蕴含的“美”深深感染着面塑的爱好者和观赏者。

山西展览馆展示的《四大美女》面塑作品惟妙惟肖，栩栩如生，让人惊叹不已。山西面塑工作者潜心于面塑工艺的捏、搓、揉、掀和刀功技法的点、切、刻、划的精巧与熟练，用现代美术表现手法提升面塑制作技艺，大胆用色，巧妙塑形，突出色彩的搭配、渲染、夸张和反差对比，合理把控面塑艺术的可塑性、延展性和细腻度、美感度，创作出大量色彩鲜艳、质朴华丽、形象逼真、生动有趣、令人喜爱的面塑作品。

课后习题

1. 面塑寄托了（　　）族劳动人民的美好愿望和祈盼，构成了一幅幅生动的立体画卷。

A. 汉　　B. 回　　C. 藏　　D. 壮

2. 枣山由（　　）层面环衔接而成，底层最大，层层高叠，呈塔形，面环上镶满了红枣。

A. 二到四　　B. 三到五　　C. 四到六　　D. 五到八

3. 在（　　），当地居民一到腊月二十几就开始为蒸花馍做准备，大多是为供奉神使用。

A. 河南　　B. 陕西　　C. 山西　　D. 河北

4.（多选题）面塑的形象多是（　　）和卡通故事中的人物以及十二生肖和其他动物。

A. 传统戏曲　　B. 四大名著　　C. 民间传说　　D. 神话故事

5（多选题）山西面塑艺术是历史悠久的汉族传统民俗文化，其始终与人生礼仪习俗紧密联系，它广泛用于（　　）等。

A. 节日、婚嫁　　B. 寿诞、丧葬　　C. 上梁、乔迁　　D. 升迁、旅游

知识点2　爱情的诗

面塑最初成为一门艺术，可能源于中国饮食文化生活或人们民间制作食品过程中追求一种美好的视觉享受和效果，而妙手回春地塑形出各种带有吉祥寓意图案、形状、花纹的“馍馍”“果果”或礼仪吉祥供品。

在山西人的结婚庆典中，经常能看到富有特色的面塑作品，如红果果、带喜字的花馍等，这些作品无一不表达着对新人“恩爱两不离，相对到白首”的美好祝福。与婚嫁谚语相关的面塑有：公鸡蹬牡丹——两口都喜欢；红官绿娘子——恩恩爱爱到白头；红果果、绿枝枝——掉到地下不碰头；喜上加囍——天赐良缘；剪子剪佛手——恩爱到白头。爱情诗词中的面塑有“得成比目何辞死，愿作鸳鸯不羡仙”的鸳鸯；“在天愿作比翼鸟，在地愿为连理枝”的比翼双飞鸟；“身无彩凤双飞翼，心有灵

屏一点通”中的彩凤。还有许多出自爱情传说中的面塑，如“猪八戒背媳妇”“嫦娥奔月”等。

山西面塑作品种类丰富，题材广泛。山西婚礼中的面塑作品用一种淳朴的方式表达对新人的祝福，展现了浓厚的地域风俗，特色鲜明，值得发扬传承。

课后习题

1.（多选题）与山西面塑关于婚嫁谚语的面塑作品有哪些？（　　）

A. 公鸡蹬牡丹　　B. 红冠绿娘子　　C. 猪八戒背媳妇　　D. 剪子剪佛手

2.（多选题）下列哪些面塑作品出自爱情诗句？（　　）

A. 鸳鸯　　B. 比翼鸟　　C. 彩凤　　D. 嫦娥奔月

3.（填空题）与婚嫁谚语相关的面塑有：公鸡蹬牡丹——（　　）。

4.（填空题）与婚嫁谚语相关的面塑有：红官绿娘子——（　　）。

5.（填空题）与婚嫁谚语相关的面塑有：红果果、绿枝枝——（　　）。

任务二　“面”向世界

知识点1　华夏面食传承与创新——世界面食大赛标准

2017 年，相关部门以山西卫视为主要播出平台，以山西餐饮机构为主体，邀请全国、全世界经典面食及餐饮机构参与，打造了一场世界面食界最高规格的展演大赛《2017 世界面食大赛》。

这次大赛围绕山西省委省政府转型发展的战略部署，弘扬、传播山西的面食文化，做大做强山西面食产业，同时以面食竞赛为载体，讲好山西面食故事，展示面食文化、制作工艺，促进面食餐饮、文化、旅游融合发展。

此次大赛是通过政府支持、部门联合、市场化运作，用电视手段和新媒体传播平台全面展示山西面食，宣传、打造山西本土面食品牌，传承面食文化，促进面食产业提质、增效，快速发展。

一、2017年世界面食大赛的主要内容

（1）组织面食电视竞技:《2017 世界面食大赛》以山西卫视为主要播出平台，以

山西餐饮机构为主体，邀请全国、全世界经典面食及餐饮机构参与，力争打造世界面食界最高规格的展演大赛。此次大赛共组织12场电视竞演节目，每场一个专题，时间为1小时，采取两队对抗的方式，节目邀请24款省内品牌正面对抗24款省外、境外品牌，通过明星名人现身推荐提升山西面食知名度。同时，以面食为出发点，挖掘山西各地美食资源，宣传山西丰富的食材和美食，促进农产品加工及旅游等相关产业的发展。

(2) 积聚品牌面食一条街：促成参赛的24款省内品牌和24款省外、境外品牌面食落户平遥，力争打造世界面食一条街。

(3) 举办第二届中国山西面食节：大赛期间，由中国饭店协会举行中国面食发展论坛、中国面食产业链对接活动。

(4) 组织山西面食走出去：将获奖的山西面食企业和产品联动品牌行、丝路行活动，进行广泛的宣传推介，引导山西面食走出去。

二、2017世界面食大赛的赛制

1. 节目共分12场电视节目以及1场面食狂欢盛典。

2. 12场电视节目分为“山西队”和“世界队”分队对抗，由两位星厨队长分别带队，共设有十二个精品主题：分别如下。

(1) 独具匠心：凸显厨师的工匠技艺和精神，耐心地打磨和专注地烹制。

(2) 修身养性：强调应季食物与人体健康的密切关系，强化食疗这一热点话题。

(3) 秀“色”可餐：体现食材的丰富与广泛性，彰显视觉上的顶级体验。

(4) 疯狂夜市：吸引大多数人的夜市经典面食。

(5) 老“辣”无双：7000年的人类吃辣历史，那份酣畅早已是心中最迫切的期待。

(6) 拈“酸”吃醋：酸味爽快、刺激，永远让人味蕾大开、食指大动。

(7) 垂“鲜”欲滴：鲜鱼羊之味也。海鲜为脉、唇齿咫尺、回味无穷。

(8) 欢天喜地：“民以食为天”，喜庆的日子代表美好的寓意，符合婚宴场景的创意面食。

(9) 粗中有细：粗粮面食的精细做法。

(10) 浑然一体：无论是酱料还是其他食材，与面食完美融合，让人浑然不觉。

(11) 名不虚“传”：很多食物来自一段历史或传说，也让菜品有了更多的耐人寻味。

(12) 有里有面：馅料与面食的结合，隐藏和变化天衣无缝。

每期节目依据当期主题分两轮，每轮各队派遣一支队伍携品牌面食单品组队进行巅峰对决，根据现场以及场外的评分综合结算，两组中总分较高的一组获胜，每轮对决胜出的全部共24支队伍可以进入世界面食百强品牌阵容。

3. 每期节目“山西队”与“世界队”根据当期主题，各派出队伍中的两大品牌面食进行一对一的竞技，获胜的品牌面食直接晋级。

4. 第 13 场面食狂欢盛典邀请世界顶级面食大师、企业与节目中的 48 种世界顶级面食品牌共同打造一场顶级的世界面食盛会。

最后由每组对阵的两支队伍在限时内完成主题菜品，考察包括展现高超技艺的同时树立品牌形象，是否体现中华面食悠久文化、匠人精神，故事渊源，以及菜品品相是否考究、精致，是否回味无穷，厨师技艺是否精湛，制作过程是否栩栩如生，等等。现场由美食大咖点评团品评，并由美食专栏作家、记者、私房厨艺爱好者组成老饕达人团进行打分，结合场外大众点评等 App、公众平台的场外票数按百分比进行换算，两部分分数相加决出两队胜负。

课后习题

1. 世界面食大赛是（　　）年在山西举办的。

A. 2016　　B. 2017　　C. 2018　　D. 2019

2.《2017 世界面食大赛》以（　　）卫视为主要播出平台，以山西餐饮机构为主体，邀请全国、全世界经典面食及餐饮机构参与，力争打造世界面食界最高规格的展演大赛。

A. 陕西　　B. 山西　　C. 北京　　D. 东方

3.（多选题）2017 年的世界面食大赛在山西举办，旨在以面食竞赛为载体，讲好山西面食故事，展示面食文化、制作工艺，促进面食（　　）融合发展。

A. 面食餐饮　　B. 文化　　C. 旅游　　D. 品牌

4.（判断题）山西面食，一地一味，一城一绝。种类繁多，但品牌感较弱。（　　）

5. 简述这次大赛对山西面食餐饮业发展的意义。

知识点2　全国面食大赛职业标准

一、全国烹饪大赛的渊源

该项赛事于 1983 年 11 月在北京首次举行，原名为全国烹饪名师技术表演鉴定会，这是中华人民共和国成立后举办的第一届国家级烹饪比赛。

第一届全国烹饪大赛共有来自全国 29 支代表队的 83 位选手参加比赛，大赛评审委员会由来自全国各地的烹饪专家、饮食研究领域的教授学者以及社会名流组成。

二、第八届全面烹饪大赛中与面食比赛相关的职业标准

（一）面食选手报名资格

具有中式面点师、西式面点师中级工国家职业资格四级以上职业资格的从业人员、专业师生均可报名参赛。

（二）面食比赛阶段

第一阶段为分赛区比赛和第二阶段总决赛。

（三）面食比赛项目

个人赛比赛项目包括烹饪类的中式面点、西式面点、烘焙和非烹饪类裱花蛋糕，并且分为专业组和青年组。

个人全能赛比赛项目包括中餐烹饪全能项目里面的中式面点和西餐烹饪全能项目里面的西式面点。

（四）面食比赛要求

个人比赛项目和个人全能比赛项目里面的中式面点和西式面点，要求每名选手现场制作规定作品、自选作品各 1 款，每款制作数量为 6 份，每份重量 60~80 克，时间为 90 分钟。

1. 烘焙项目

专业组、青年组：每名选手现场制作规定作品、自选作品各 1 款，每款制作数量为 6 份，时间为 180 分钟。

2. 裱花蛋糕

每位选手现场制作主题鲜奶油裱花蛋糕 1 款，蛋糕坯底座规格统一为 8 英寸的圆形，成品高度不超过 13 厘米，时间为 60 分钟。

（五）个人赛赛项重要说明

各赛项选手自备参赛作品所使用原料、餐具器皿；中式面点、西式面点餐盘以 10~12 英寸为宜；各赛项每款参赛作品需分量一致，误差为 ±5 克；中式面点项目面团为现场制作；面点馅心可以制茸但不能调制。

（六）评判内容

中式面点、西式面点、烘焙三个项目评判内容按准备工作、专业烹饪、作品呈现、口味质感四个方面进行评判。

裱花蛋糕项目评判内容按准备工作及卫生、设计及组成、技巧及难度、创意及原创性四个方面进行评判。

（七）计分方式

个人赛单项比赛中选手每款作品的成绩为所有裁判员评分的平均值保留小数点后两位作为该款作品最后成绩；选手的最终成绩由规定作品成绩的 40% 和自选作品成绩的 60% 两个成绩之和组成。

个人赛全能比赛里面中式面点占总成绩的 30%、西式面点占总成绩的 30%。

（八）全国烹饪大赛竞赛奖励办法

全国选拔赛设金奖、银奖、铜奖，各赛项按参赛选手所得分数 90~100 分颁发金奖，80~89.99 分颁发银奖，70~79.99 分颁发铜奖。奖牌由第八届全国烹饪技能竞赛委员会统一制作、颁发。

全国总决赛对专业组相关赛项金奖获得者按实际成绩排名前 30% 授予注册中国烹饪名师称号，对已获得注册中国烹饪名师的选手授予注册中国烹饪大师称号。

三、全国面食大赛的未来规划

全国面食大赛的未来是着眼于第一届全国职业技能大赛，并对接世界技能大赛。

课后习题

1. 中华人民共和国成立后举办的第一届国家级烹饪比赛于（　　）年在北京举办。

A. 1981　　B. 1982　　C. 1983　　D. 1984

2. 第一届全国烹饪大赛面食类共设最佳点心师（　　）名。

A. 三　　B. 四　　C. 五　　D. 六

3. （多选题）全国烹饪大赛个人赛比面食相关赛项目分为（　　）两个组别。

A. 业余组　　B. 专业组　　C. 中年组　　D. 青年组

4. （判断题）第八届全国烹饪大赛各赛项每款参赛作品需分量一致，误差为 ±6 克。（　　）

5. （判断题）全国烹饪大赛每四年举办一次。（　　）

知识点3　华夏面食国际化进程

山西面食，不仅是中华民族饮食文化中的重要组成部分，也是世界饮食文化中的一朵“奇葩”。千百年来，世世代代的山西人，将面食不断地翻新花样，达到一面百样，一面百味的境界。一代代面食大师在传承中创新，在创新中传承，带领山西面食从远古走向今天，从黄土高原走向全国，走向世界。其中，杂粮面食更是山西立足世界舞台的一件至宝。

山西面食国际化进程时间轴

（一）2014 年山西面食“走秀”美国纽约

在山西省委、省政府、商务部以及中国常驻联合国代表团的支持下，省商务厅联合中国烹饪协会，于2014年4月30日—5月8日，在美国纽约举行了“中国·山西美食走进联合国、走进纽约”系列活动。该活动进一步弘扬了中国山西富有地域特色的餐饮文化，全面塑造了山西美食的国际形象，加速推动了山西餐饮企业多元化发展并走向世界，大幅提升了山西在国际上的知名度和影响力。

（二）2015年山西面食“白银”上线

“白银”为何物，我们可以先看两段小诗。第一段：一叶落锅一叶飘，一叶离面又出刀。银鱼落水飘白浪，柳叶乘风下树梢。第二段：三揉四醒始为善，二尺托起白头山。五指拂出飞龙吟，一碗心香万家欢。可以看出“白银”就是指山西的刀削面。

课后习题

1.（　　）年山西面食“走秀”美国纽约。

A. 2014　　B. 2015　　C. 2016　　D. 2017

2.（　　）年山西面食“白银”上线。

A. 2014　　B. 2015　　C. 2016　　D. 2017

3. 这首诗“一叶落锅一叶飘，一叶离面又出刀。银鱼落水飘白浪，柳叶乘风下树梢。”说的是山西（　　）。

A. 刀拨面　　B. 蘸片子　　C. 搓鱼鱼　　D. 刀削面

4. 这首诗“三揉四醒始为善，二尺托起白头山。五指拂出飞龙吟，一碗心香万家欢。”说的是山西（　　）。

A. 刀拨面　　B. 蘸片子　　C. 搓鱼鱼　　D. 刀削面

5.（填空题）（　　）面食，更是山西立足世界舞台的一件至宝。

任务三　“面”向未来

知识点1　文创面食产品设计

山西面食文化古老而悠久，传承和革新的花样不胜枚举。近年来，为了传播山西本土文化，越来越多的文创从业人员将目光投向了面食以及其背后的故事，创作出众多的优秀文创产品。

关于山西面食的文创产品，目前主要有以下三大类：

一、“面”向新生

即对于面食产品本身的创新，此类产品主要有面塑摆件文创，写实摆件类面塑产品以较为具象的手法表现历史传说人物，在丰富家居环境元素，丰富审美生活的同时增加文化内涵。山西工艺美术馆收藏的四大美人面塑摆件是此类面塑产品的代表，四大美人面塑衣袂飘逸，精巧逼真，阳泉彩色面塑文创也属于此类面塑作品。

卡通摆件类面塑产品以当今流行动画人物为题材，将传统手工艺融入儿童生活，从小让儿童体验中华优秀传统文化，万荣面塑文创中有很多此类作品，我们的动漫面塑黎侯虎和关公也属于此类作品。

随着旅游业的发展，游客离开山西后再想品尝种类众多的山西面食是难上加难，速食产品技术的革新将这种不可能性变为可能性，可将种类众多的山西面食做成速食产品，使山西面食突破地域的限制。

二、“面食”新衣

即对面食包装进行设计，包装是产品的第一张脸，好的包装可以抓住人们的眼球，增加人们的购买欲望。作为中国面食之乡，山西面食的发展与传播却不尽如人意。设计好的包装，讲好产品故事是目前山西面食发展的重中之重。咱们之前讲过的山西面点闻喜煮饼和神池月饼就对其包装进行了别样的设计。特别是神池月饼利用剪纸大师的精湛技艺，将月饼的制作过程剪了出来，并设计在其包装上，其创意值得点赞。

三、“面面”俱到

即面食的周边产品，现如今越来越多的山西人逐渐认识到本土面食文化传播的重要性，面食文创产品设计不再局限于对面食本身的及其包装产品的设计，目前已经衍生出更多以面食为中心的周边产品。

山西文创品牌——麦小西选取了擦尖、剪刀面、蘸片子、刀削面、手擀面、揪片、剔尖七种家常面食设计出七款帆布包。其设计精巧大方，在展现山西面食文化的同时也有非常高的实用价值。

北京理工大学珠海校区学生在毕业设计时以山西各种面食为中心，设计出了山西味道系列文创产品，包括书签、日历、背包、红包等。其设计精致，种类众多，几乎涉猎到日常生活的各个方面，若能规模化生产，必然会是对山西面食文化非常好的宣传。

世界面食在中国，中国面食在山西，山西面食文化博大精深，然而其对山西面食及其文化了解的人远远没有我们想象的那么多，这就需要我们每一位同学去努力地探索、传承、创新，由此让我们的山西面食美名远播，让面食文创成为山西的名片。

课后习题

1. (填空题) 越来越多的文创从业人员将目光投向了面食及其背后的（　　），创作出众多的优秀文创产品。

2. (填空题)（　　）类面塑产品以当今流行动画人物为题材，将传统手工艺融入儿童生活。

3. (填空题)（　　）是产品的第一张脸。

4. (填空题) 山西文创品牌——麦小西选取了擦尖、剪刀面、蘸片子、刀削面、手擀面、揪片、剔尖七种家常面食设计出七款（　　）。

5. (填空题) 山西面食美名远播，让面食文创成为山西的（　　）。

知识点2 华夏面食传承与创新——面食logo大全

在餐饮行业中，面食是最为常见的一类食品。各类面食店除了靠质优价廉的面食产品来吸引消费者之外，还需要做好自身的营销，比如打造一个自己专属的面食logo，面食 logo 设计不仅是店面的一个招牌，更是体现面食店文化理念的标志。一个小小的标志有时能够传递出面食店特色和信息，它也是全面营造面食文化的好方法。

一、在面食logo设计时的注意事项

（一）了解面食 logo 设计的要求

好的 logo 能体现出这家餐馆的形象、内涵，或者是风味特点等，能让大众通过这个标志就能认识企业，体会企业的人文，这一点是非常重要的。要通过企业标志引起大家对企业的共鸣，带入人的情感，起到打动人心，感染人心的作用，让大众更容易接受，有亲近感，便于树立企业形象。

（二）面食 logo 设计上要简洁鲜明

logo 不是艺术品，不是让人品味与琢磨的，而是让大家能快速认知，瞬间能辨认出来的。如果能达到这个效果，就是要简洁明了，不能复杂，具有一定的震撼力。

（三）logo 的设计要有美感，让客人喜欢

要坚持简洁的原则，但不能为了追求简洁而忽视了标志的美感，这两者是可以兼顾的，并且是相辅相成、不能分割的。一个毫无美感的标志，会让客人厌烦，就算食物再美味，也会影响客人的选择，但好的标志不仅能吸引客人，还能起到增加食欲的

效果。另外，logo 还需要具有独特性，避免和其他的混淆，要让客人一眼看中并记忆深刻。

（四）发展中的稳定性和延续性

随着企业的发展以及顾客对 logo 的认可和习惯，如果对 logo 进行改动，要在保持原 logo 的元素不变的情况下进行改良，毕竟客人都是怀旧的。因此，面食 logo 设计还需要对企业的文化进行了解，根据市场的变化和消费者的观念、习惯等进行不断的创新设计。

一个毫无特色与艺术美感的 logo，是很难让人接受的，更有甚者会让客人对食物的味道和质量产生不信任感。一个优秀的面食 logo，不仅可以尽情彰显面食餐厅的特色，同时也能给人以强烈的视觉印象，让客人一眼就看中，并且很想进去尝一尝。

二、如何才能设计一个优秀的面食logo

（1）在进行面食 logo 设计时，可以加入立体化设计手法，这样对提高面食标志的整体效果非常有帮助。平时大家所见的平面效果有时难以获得好的视觉效果，而立体化的呈现，往往会对面食 logo 设计的总体效果产生较大影响，这也是近年各类设计公司比较愿意采用这种设计手段的主要原因，这样的设计更能凸显出 logo 的文化信息。

（2）面食 logo 设计为了达到美观的效果，会采用共线设计手段来增加面食 logo 设计的外观效果。这种方法带来的艺术效果更为强烈，与简单的设计手段相比较，大大提高了人们的视觉体验，带来更加层次分明的设计质感，这种将图形和符号共同组合的方式，会带给人们耳目一新的感觉，让面食 logo 设计更有新意，显得与众不同。

对于任何一个面食店来说，专业化的面食 logo 设计对整个店铺的经营起着重要作用，面食 logo 设计的重要性更是不言而喻，它对面食店的整体经营将会带来非常大的影响。因此，要经营一家成功的面食餐厅，可以先从设计一个优秀的面食 logo 开始。

课后习题

1. 面食 logo 设计不仅是店面的一个招牌，更是体现面食店文化理念的（　　）。

A. 标志　　B. 标记　　C. 象征　　D. 关键

2. 在进行面食 logo 设计时，很好地加入（　　）设计手法、对提高面食标志的整体效果非常有帮助。

A. 图案化　　B. 立体化　　C. 线性化　　D. 色彩化

3.（多选题）在进行面食 logo 设计时，要考虑发展中的（　　），在保持原 logo 的元素不变的情况下进行改良。

A. 稳定性　　B. 延续性　　C. 发展性　　D. 改良性

4. (判断题) 面食 logo 的作用是让大家快速记住就好了，好不好看不重要。(　　)

5. 简述设计一个好的面食 logo 需要注意哪些方面的问题。

知识点3　山西面食窗口

一、技法精湛的山西面案名师

(一) 王张龙

全国五一劳动奖章获得者，山西省劳动模范，面气球吉尼斯世界纪录保持者，山西省级非遗传承人，第二届全国青年运动会会徽图案山西五彩面绘制者。曾代表山西面食走进美国纽约联合国总部，代表山西在北京外交部参加山西全球推介大会。

(二) 杨刚

杨刚的“长寿一根面”“晃管剔尖”面食绝活表演无人能超越，其“关公面塑”享誉三晋，拥有中式面点高级技师 、高级营养师、中式烹调技师，山西省面点名师、中国烹饪协会名厨委绝技表演团资深演示员等众多头衔，还是我省年龄最小的三晋技术能手和全省技能大赛评委。这一切，皆因他对山西博大精深的面食文化的热爱。全国第六届烹饪技能竞赛评委对他的颁奖词是“远似蛟龙入大海，近似彩虹水上漂”，杨刚也因此获得全国“最佳厨艺奖”。不仅是面食绝活，杨刚的面塑工艺武圣武关公面塑在业内也堪称一绝，多次在山西省烹饪技能竞赛和全国厨艺绝技赛中获金奖，被授予全国“最佳面塑奖”。

(三) 籍建新

山西丽华大酒店的面点主管，从业以来致力于面食的制作与创新。曾荣获山西省第七届烹饪服务技能竞赛个人赛中式面点项目特金奖、第八届全国中餐技能创新大赛金奖。其制作的九龙玉面蒸饺被评为第八届全国中餐技能创新大赛最具推广价值菜点。

(四) 闫润明

1992 年，十八岁的闫润明来省城太原打工，进入负有盛名的并州饭店，跟弓正义师傅学习厨师技艺。每天披星戴月、刻苦训练，面案上他不仅向弓师傅学习，还向擅长做小揪片的张师傅请教，成为并州饭店唯一得到张师傅真传的徒弟。在 2000 年山西首届面食节大赛中，他表演的空中揪片被评为大赛金奖，并获得了“空中揪片传承人”的称号。2013 年他在太原创建了“太原闫润明食品研发工作室”，在这里研究并展示自己的厨艺，和餐饮界专家及同行切磋技艺。

（五）杨飞飞

太原面食店面点部总厨，国家高级面点师，中央电视台面艺表演特邀嘉宾，2017年7月受邀为国家领导人和九十多个国家的外宾展示我们山西五千年文明史及面食文化。

（六）周慧峰

山西天星海外海餐饮集团滨河味道北大街店行政厨师长，国家高级中式面点技师，国家名厨，中国烹饪名师，山西十佳面点师，中国山西面食名师，山西省烹饪协会名厨委员，太原市烹饪协会名厨委员。

（七）韩天红

山西百姓渔村出品总监，国家特一级厨师，山西省名厨委员会会员，多次参与全国厨师交流大会，曾荣获中华金厨奖，被评为“中国烹饪名师”“中国烹饪大师”“晋菜名师”。

（八）张素香

高级面点技师、国家高级评委、中国烹饪大师、山西面食大师，创办“张素香职工创新工作室”，曾荣获“满汉全席”面食擂台赛冠军、“360”巧手面食王冠军。她从业31年，现为省总干校膳食部主任。

二、创新中的山西面食

（1）杨刚原创的拉丝花卷、宝塔花卷、五福开花大馒头、纸皮包子成为“百姓渔村”的招牌面食。他原创的“太原拇指包”在2019年外交部山西全球推荐会中，成为各国使节代表的品尝焦点；他的另一作品“汾阳绿豆糕”，在短短30分钟内，就被使节代表领取一空。

（2）在2019年2月25日，外交部山西全球推介活动冷餐会上，一道“吕梁香菇青芥饼”博得满堂喝彩，这道菜的制作者闫润明也得到了参会者的关注。从学徒工到独当一面，再到享誉世界；从“头顶飞刀削面”的创始人，到烹饪界的传奇式人物，再到山西省劳动模范，闫润明诠释了“善得膳福”的人生信条。

（3）山西丽华大酒店的面点主管籍建新制作的创新面食天鹅酥。

（4）山西天星海外海餐饮集团滨河味道北大街店行政厨师长制作的创新面食空心芝麻球。

课后习题

1.（　　）是面气球吉尼斯世界纪录保持者。

A. 王张龙　　B. 杨刚　　C. 籍建新　　D. 张素香

2.“远似蛟龙入大海，近似彩虹水上漂”是指下列哪种面食？（　　）

A. 长寿一根面　　B. 晃管剔尖　　C. 太原龙须拉面　　D. 大同刀削面

3. 被评为第八届全国中餐技能创新大赛最具推广价值菜点的是（　　）。

A. 长寿一根面　　B. 晃管剔尖　　C. 九龙玉面蒸饺　　D. 太原龙须拉面

4. 获得了“空中揪片传承人”称号的是（　　）。

A. 闫润明　　B. 杨刚　　C. 张素香　　D. 王张龙

5.（多选题）在 2019 年外交部山西全球推荐会中，（　　）成为各国使节代表的品尝焦点。

A. 拉丝花卷　　B. 宝塔花卷　　C. 太原拇指包　　D. 汾阳绿豆糕